交通錐、人

35種人造小物

最全面的日本街頭小物設計大全

日本街角

圖鑑

三土辰郎 —— 著　涂紋凰 —— 譯

前　言

　　世界上有各種圖鑑，像是昆蟲圖鑑、礦石圖鑑、動物圖鑑等等，就算是沒看過的昆蟲，只要一查昆蟲圖鑑書籍就可以知道名字，圖鑑真的是很棒的工具！

　　不過，動物、礦石、昆蟲很少出現在我們的日常生活中，比如車站前出現一隻貘，想知道那是馬來貘還是南美貘的狀況，應該微乎其微吧！像這樣一般日常少見的東西都擁有專門的圖鑑，但街道上非常普通、經常看到的物品卻沒有類似的圖鑑書籍，是否有點奇怪呢？

　　因此，我很想要有這種書。本書就是針對街道上常見的東西所製作的圖鑑，刊載人孔蓋、交通錐（三角錐）、送水口和埋在地面下的地椿、道路的鋪面等物品。剛剛在馬路上看到的交通椎叫做什麼？只要翻閱查看看這本圖鑑就能知道，還可以知道它是由 Zuiho 產業製作的「uni-cone」之類的事情。

　　千萬不要覺得「知道這種事有什麼好開心的？」在至今所見的物品上，有了不一樣的新發現，這件事本身就是非常珍貴的體驗，也是無比有趣的事情啊！比方說，成員一大堆的偶像團體，當你對他們沒興趣的時候，外表看起來也是每個人都長得一樣，不過當你發現其中的不同時，自然就會湧現對他們的興趣。

　　本書的目的，並不是像型錄那樣單純讓人知道商品名稱而已。這些東西的可看之處在哪裡？怎麼欣賞才有趣？我希望能夠傳達這些訊息。《地圖 ·

書本──觀察地景之眼》（石川初著‧LIXIL 出版）一書中，以「微不足道的物品鑑賞指南」這一章作為尾聲，書中寫道：「（前略）我一直覺得，如果有一本能夠說明日常生活中最常見、最普通的『物品』其由來與構造，像是城鎮中《微不足道的物品鑑賞指南》這種書就好了。」

沒錯，就是這樣，我希望也能夠幫助這些微不足道的物品，所以，本書集結一流鑑賞家撰寫的各種鑑賞指南，不只像一般的指南書籍，單純推薦怎麼看才有趣，而是包含在經年累月觀察之下，可能普遍不被理解，但撰稿人認為這才是優點等主觀意見。不，應該說，這本書是以主觀意見為主才對。

本書不僅可以在路上當作參考文獻使用，光是在房間裡翻閱也很有趣。可能會出現「真的有這麼多種類？」這樣驚奇的心得。或者「明明在視線範圍內卻沒注意過！」之類的發現，雖然，只是可能而已啦！

帶著本書在街角漫步，當作參考文獻來用的話，或許就會了解「這個送水口是露出式單口型，所以已經很老舊了呢！」之類的事情吧！

出版本書的契機，是編著者在 niffy 網站「Daily Portal Z」撰寫的一篇「街角圖鑑」文章，在那之後，獲得許多專家的投稿與協助，才得以集結成本書。讀完這本書，我希望各位能多看看街角那些微不足道的物品，相信各位的看法一定會有所不同。

前言 2

總論 腳下的街道 8

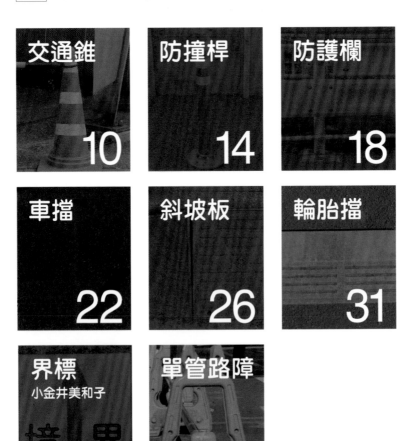

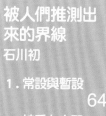

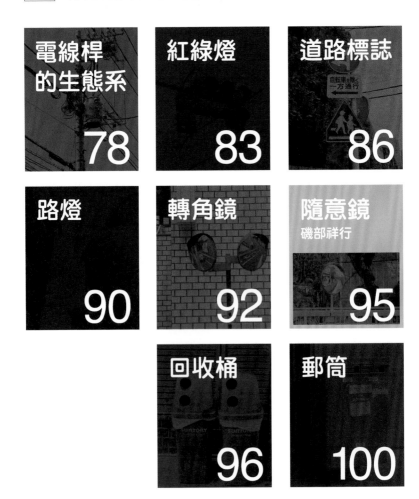

腳 下 的 街 道

　　能在街頭見到的物品，雖然高度位置有所不同，但在性質上有某種程度的相似。其中，在腳邊的物品和抬起頭視線所及的物品就能大致區分成兩類，我們從腳邊的物品開始看起吧！

　　請先看看正下方的地面，地面上有道路鋪面和排水溝、人孔蓋等，這些物品有一些是我們在城鎮中生活的基礎設備，也有一些是與地下空間的連接點。

　　大家或許會覺得地面就只是鋪上瀝青而已，但都市的地面其實是人造的設備，光是鋪面就有多層構造，而且地下的自來水管、瓦斯管等支撐城鎮運作的基礎建設也隱藏其中，若以人類比喻，就相當於皮膚和血管了。

　　除此之外，也有放在街道上的物品，像是交通錐、路面上的盆栽、防護欄、單管路障等馬路上的物件。觀察馬路時，會看到的東西大概就是這些吧！地方政府所設置的防護欄旁邊插著店家的廣告旗，廣告旗

電線

紅綠燈

轉角鏡

標誌

止衝擋

馬路鋪面

交通錐

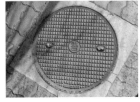

電線桿

路燈

透光磚

盆栽

斜坡板

排水溝

旁又放著私人住宅的盆栽,像這樣混雜的街頭風景隨處可見。

接著,當視線往上移,轉角鏡與電線桿等物件隨之登場,這些將會在本書的後半段介紹。

本書前半段列舉在街頭的腳邊會看到的物品。基本上以「公家」部門管理的物件為基礎,但有些地方還是會跑出一些「私人」物品。這些物品的大小,如果是放在道路上的大多都在 1m 左右。

這些區域之所以有魅力,是因為非常貼近人們。不僅可以直接觸摸、可以靠近看、甚至可以擁有,這也是累積許多人觀察的區域。如果有甚麼不懂的地方,可以隨時詢問其他人,像是人孔蓋等,已經有長期觀察這方面物件的人士,本書也請到這樣的人來執筆,若非屬於這類的物件,比如斜坡板等,則由編著者三土執行觀察與收集的工作。

那麼就請各位趕快翻到下一頁觀賞吧!

交通錐

交通錐以紅色的圓錐狀為主，大多放在道路的兩旁。可以用橫槓連結劃出禁止進入的區域，或者傳遞禁止停車的訊息，擁有各種不同的功能。

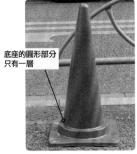

底座的圓形部分只有一層

color-cone ╱ SAFTEC
一說起交通錐，大部分的人馬上就會想到這個吧！甚至還有人會稱交通錐為「color-cone」，所以可說是主流產品。

底座有二層

uni-cone ╱ Zuiho 產業
請認明底座圓形部分有兩層的就是 uni-cone。可能是因為這個構造，使得該產品比其他交通錐更不容易被風吹倒。

底座高、有空隙

HK Scotch-cone ╱日保
總而言之，這是一款非常粗壯又厚實的商品。據說光是本體就重達3.5kg，不需要在底座套上加重圈。

錐頂有小小的突起物

PC-710H ╱ PORTA
這款和右頁的 scotch-cone A 很相像。唯一的不同之處，就是錐頂有小小的突起物，這細微的差異真的會令業餘的人欲哭無淚啊！

底座的圓周上有橘色的圓點

revolution-cone700 ╱ SAFTEC
閃亮亮的反光板非常帥氣。因為具有朝光亮方向反射的功能，所以在夜裡特別亮眼。

錐頂切成水平狀

mini-cone ╱日保
總而言之，這是一款非常粗壯又厚實的商品。據說光是本體就重達3.5kg，不需要在底座套上加重圈。

有反光板

警視庁

color-cone ECO ／ SAFTEC
外觀幾乎與左頁的 revolution-cone700 一模一樣，但底座黑色的部分沒有橘色的圓點，所以能夠以此區分。

底座全黑

scotch-cone A ／ SAFTEC
尺寸、重量與同公司出品的 color-cone 一樣。有 V 字型反光板的是 Scotch-cone A。

sawa-cone ／前澤化成工業
外觀與 uni-cone 幾乎一模一樣。可能會讓人以為無法區分，但不必擔心，底座有好好地寫著「sawa-cone」。

───── ◎ 顏 色 種 類 ◎ ─────

雖然說起交通錐就會想到紅色，但其實還有其他不同的顏色。藍、綠、黃、白，種類眾多可任君選擇。

也有像這樣從裡面透光的款式。

珍奇交通錐

巨型交通錐／**SAFTEC**

總之就是巨大。高度達 180cm，和成人一樣高。相較之下，旁邊的交通錐看起來就像小孩子對吧！

乳牛造型
放在秋葉原的餐廳「肉之萬世」後面。交通錐上有霍爾斯坦乳牛的圖樣。

鏤空型交通錐
是個通風效果超群的產品。難道是為了讓交通錐夏天也不悶熱而設計？
照片：伊藤建史

搬家作業中
眼裡只看得見「搬家作業中」幾個字。

交通錐的夥伴們
圖解交通錐

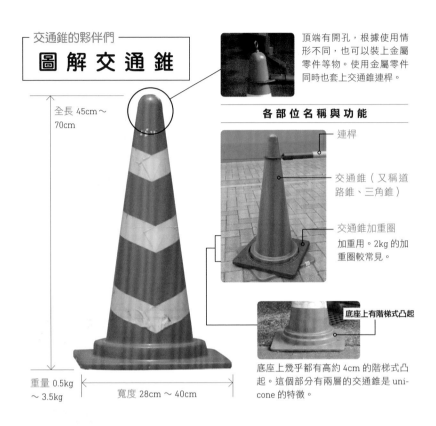

頂端有開孔，根據使用情形不同，也可以裝上金屬零件等物。使用金屬零件同時也套上交通錐連桿。

全長 45cm～70cm

各部位名稱與功能

連桿

交通錐（又稱道路錐、三角錐）

交通錐加重圈
加重用。2kg 的加重圈較常見。

底座上有階梯式凸起

底座上幾乎都有高約 4cm 的階梯式凸起。這個部分有兩層的交通錐是 uni-cone 的特徵。

重量 0.5kg～3.5kg

寬度 28cm～40cm

不被任何人觸碰，是交通錐的使命

交通錐幾乎都是以圓錐形軀幹再加上正方形底座的構造為主，其功能為「移動式的柵欄」，目的在於不讓人或車靠近，因此，交通錐的顏色幾乎都是以代表警戒的紅色為主，除此之外，還以反光的材料加之裝飾。

區分種類的重點，在於頂端的形狀、反光材料的形狀、底座的形狀。試著觀察交通錐是如何讓人群或車輛閃避？如何避免自己倒下之類的細節吧！如果常常與車子碰撞，那就表示交通錐並未達到應有的功能，交通錐應該不希望被任何人車碰觸到才對。

交通錐的人生，應該也有分幸與不幸的吧！在這個世界上，一定有都沒被車撞過、不太常受到紫外線傷害，而且殘存幾十年的交通錐。日本現存最古老的交通錐，到底有多少年的歷史呢？期待有識之士能告訴我們。

三 角 錐 的 生 態

三角錐在工作時互相遠離，
結束之後又團聚在一起。

負責禁止進入施工現場、禁止停車、隔開多到滿出來的腳踏車等功能。

交通錐之死

市面上的交通錐通常都是聚乙烯材質，很容易碎裂，所以頂端和底座常常裂開，如果變成這樣就很難立直了。也有一些交通錐是只剩下底座但軀幹不見，變成這樣就可以宣判死亡了吧！

非工作時間的交通錐們

上：交通錐習慣疊在一起休息。
中：越疊越高。
下：最後變成一個聚落。

防撞桿

防撞桿告訴大家應該前進的道路,又稱為「視線誘導標誌」。立在車道線上,告訴大家車子能過的寬度到哪裡;夜裡也會反光,告訴大家前面的彎道呈現什麼形狀。

橫切面為 T 字型

底座上有固定防撞桿的零件

將底座固定在道路上的螺絲孔

postsflex ／保安道路企劃
從上面看下來呈現 T 字型是這款產品的特徵。也因此就算被車輛輾過也很容易復原,堪稱最強防撞桿,甚至還上過電視節目呢!

底座也有反光板

postcone ／ NOK
從上面往下看,防撞桿呈圓形。底座的小顆粒反光材料據說可以吸引用路人注意,真是太帥氣了!

彷彿施華洛世奇

Polecone ／積水樹脂
底座貼著滿滿的玻璃球,散發宛如施華洛世奇鑽石般的光輝!反光的作用下閃閃發亮。價格稍高。

三角形

guidepost ／ NOK
從上面看起來是三角形。重量輕,和同樣是 NOK 出品的 postcone 比起來便宜一些。

小凸起

polesidecone ／三甲
頂端的凸起物是本產品的特徵。底座的黑色部分採用再生橡膠。與其他產品相比價格稍低。

gurdcone ／ SUNPOLE
常見的防撞桿,下方底座平坦是一大特徵。但也有在底座貼上反光材料的款式。

poleconegurd ／積水樹脂
連接防撞桿構成口字形。乍看之下很像鐵製的車擋，但其實是聚氨酯製的產品，若踩到會覺得軟軟的。

珍奇防撞桿

也有這種在防撞桿頂端插入橫向的連桿，變成 T 字形的款式，令人能夠很強烈的感受到：請勿跨越中央分離區。

◎ 顏 色 種 類 ◎

綠色

黃色

黑色

防撞桿並非都是橘色。令人意外地也有很多種顏色呢！黑色是屬於顧及周邊景觀而採用的款式。這和京都的便利商店招牌偏暗色是一樣的道理。
雖然盡量減低存在感，但是到了夜裡還是能夠正常反光、指引道路，所以不必擔心喔！

┌ 防撞桿的夥伴們 ┐

圖 解 防 撞 桿

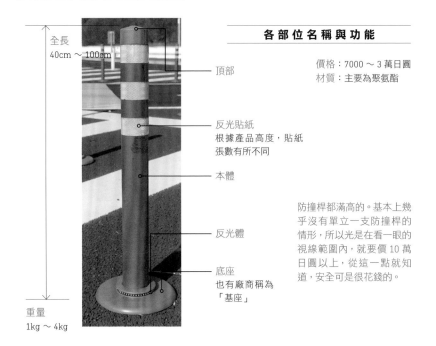

全長
40cm ～ 100cm

—— 頂部

—— 反光貼紙
根據產品高度，貼紙
張數有所不同

—— 本體

—— 反光體

—— 底座
也有廠商稱為
「基座」

重量
1kg ～ 4kg

各 部 位 名 稱 與 功 能

價格：7000 ～ 3 萬日圓
材質：主要為聚氨酯

防撞桿都滿高的。基本上幾
乎沒有單立一支防撞桿的
情形，所以光是在看一眼的
視線範圍內，就要價 10 萬
日圓以上，從這一點就知
道，安全可是很花錢的。

用身體引導用路人的防撞桿

防撞桿的高度大約離地面 1 公尺左右，其功能是告訴用路人這裡很危險，請勿靠近，因此它們大多為橘色，入夜時閃閃發光，告訴人們自己的位置。然而，它們的工作是需要拼命的，就算自己被輾過也沒關係，抱著這樣的覺悟站在道路上。請看看他們為了讓自己引人注目所下足的苦工、自己被輾過也能安然無恙而保持身體柔軟的樣子吧！

防撞桿橫切面為 T 字形的視線誘導指標（postsflex），底座貼滿小小反光材料（polecone）、底座有大片反光材料（postcone），這三種是最常見的款式，請務必記起來。如果能像這樣區分出來，就會產生親切感。假如在同一區單獨出現一支不同的防撞桿，或許還能感受到它寂不寂寞、是不是已經跟大家變成朋友了之類的情緒呢！

防撞桿的生態

防撞桿基本上都是成群結隊排成一列。

它們的功能是立體劃分出禁止進入的領域。位於左側的鋼筋混凝土中央分隔島是汽車無法入侵的區域。不過前方寫著禁止進入的地方，只要想進去還是有辦法的，所以它們偶爾會被車子輾過。

被車子輾也沒關係！因為身體十分柔軟，如果要分類的話，應該屬於軟體動物吧！

夜晚會發光

只要光線照到這裡～

就會發亮！

夜裡會發光的軟體動物，宛如螢火蟲一般。防撞桿可能就是馬路上的螢火蟲吧！

交通錐之死

也有防撞桿奮戰到最後，用盡力氣而倒下。這張照片傳達出在前頭努力工作的老大意外陣亡的遺憾，以及看著老大身影的晚輩們的覺悟。

防 護 欄

　　它在道路的兩旁，守護行人免於被汽車衝撞、導正斜斜前進的行車路線。它不只是一般的柵欄，而是指馬路上所有具有防護功能的柵欄。

防護欄
水平方向的柵欄（橫樑）是鋼板材質。一般都會塗上白漆，但像照片中因為雨水導致上半部生鏽的情形很常見。

防止跨越柵欄
為防止行人穿越車道而設置的柵欄，強度不像防護欄這麼高，通常有各種不同的設計款式。

鐵管柵欄
橫樑是由鐵管組成，所以可以看得見行人。與防止跨越欄相似，但因為要保護車輛，所以支柱隱藏在車道背面。

纜線柵欄
橫樑的部分由纜線組成。宛如拳擊擂台四周的繩索一樣，讓衝撞而來的車輛能安全回到車道上。

防止跨越柵欄／眼珠造型
國道樣式。只要看到這個就表示為國道，宛如一個大眼睛盯著用路人是否安全行駛一樣。

鐵柵欄
支柱採用石材，橫樑為厚重的鐵板，是十分有威嚴的一種款式。就像是在說：敢撞過來的話就試試看，我可不會輸給你的呢！

文字樣式

防止跨越柵欄／北區
防止跨越柵欄通常有各種設計。這是東京都北區的款式，怎麼看都像「北」字。這種的就稱為文字樣式。

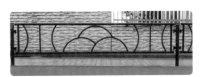

防止跨越柵欄／品川區
這是文字樣式的傑作。仔細看的話就知道是品川，就算只是驚鴻一瞥，也知道是品川。（照片：小金井美和子）

植物樣式

防止跨越柵欄／都道樣式
圖形是描繪東京都的樹木──銀杏，這種柵欄稱為植物樣式，正中間的圖案是蝸牛。

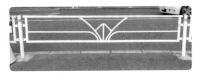

防止跨越柵欄／涉谷區
這也是植物樣式。圖樣應該是描繪涉谷區的花朵──花菖蒲吧！中段的橫樑延長，看起來是為了增加強度。

印象樣式

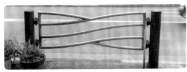

防止跨越柵欄／錦系町
這應該是以流線為形象的柵欄吧！正中間有一縷金色線條十分鮮豔。這種款式就稱為印象樣式。

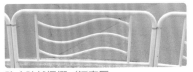

防止跨越柵欄／江東區
一提起江東區就會想到海，海會有海浪，以這種非常大範圍的印象製作而成，這種款式也不錯啊！

防止跨越柵欄／御茶水
應該是描繪御茶水車站附近的聖橋吧！用彎曲的鐵管打造的曲線和真的聖橋一模一樣。這也是當地特有的鐵管柵欄。

防止跨越柵欄／神樂坂
東京神樂坂的這個柵欄，宛如假面超人裡的硬幣怪獸一樣，身體深埋在地底下，只有眼睛露出來。

防護欄的夥伴們

圖解防護欄

各部位名稱與功能

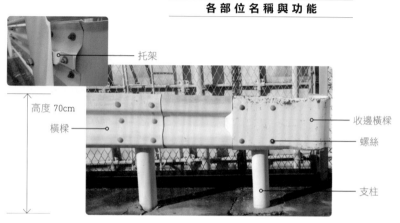

托架

高度 70cm

橫樑

收邊橫樑

螺絲

支柱

支柱突出地面約 70cm 左右，在地底下埋藏的深度為 1m 以上。一般的橫樑剖面大多呈波浪狀。

由上往下看支柱，就可以知道由哪個廠商製作。左邊的標誌是神戶製鋼集團出品，右邊則是舊新日鐵相關公司製作。

在道路界線的邊緣守護大家

防護柵欄總是站在道路的邊界。面對未知的危險當然不能往邊緣靠，因為外側很危險，所以自己必須成為盾牌站在那裡保護大家。防護欄把自己染白，讓大家從視覺上就能了解防護欄外側很危險。

明明是正義的化身，但外表卻很柔軟。像鐵管柵欄有花朵設計，還有像硬幣怪獸一樣用骨碌碌的大眼睛娛樂走在路上的行人。萬一有人就快要踏出步道，也能溫柔地導正行人走回原來的道路，這種時候它甚至不管自己的身體會變成什麼樣子。溫柔的正義夥伴，簡直就是防護欄的代名詞。

這樣的防護欄偶爾會有被路樹吃掉的危機，即便如此，他們也絕對不會還手，擁有心地善良的性格。

防護欄的生態

彎曲身體是他們的使命

上面兩張照片是高速公路，但防護欄只有這裡有，宛如在守護標誌和緊急電話，然而，防護欄其實是在守護車輛，也就是乘車的用路人，為了不讓車輛直接撞擊標誌，溫柔地反彈車輛。
右邊的照片是防護欄認真工作留下的痕跡，地上出現很大的彎曲陰影呢！因為防護欄總是彎曲自己的身體，守護用路人啊！

令人意外的天敵──植物

鐵管柵欄的旁邊總是有路樹和花草，植物也會像左邊的照片那樣覆蓋整個鐵管柵欄，而且有一些路樹還有吃掉柵欄的習性。

左下角的照片就是犯案現場，鐵管柵欄被懸鈴木啃食。上段的欄杆已經完全被吞食，差不多已經在消化了吧！中段和下段也正在咀嚼中的樣子。

本來就太過靠近鐵管柵欄的路樹，往道路方向傾倒的地方看起來就像正在捕食柵欄一樣，就算對方來挑釁，它們還是選擇默默承受。

常常被人掛上鍊條鎖

車 擋

不想讓汽車進入的地方就會直挺挺地聳立車擋，以物理性障礙的方式阻擋汽車。不使用時可以埋進地面，也有用鍊條連接等各種不同的夥伴呢！

依照素材・使用方式分類

繫纜柱
材質為石頭或混凝土。本來在岸邊固定船隻用的粗厚柱子就稱為繫纜柱，因為外型相像，所以這種車擋也稱為繫纜柱。

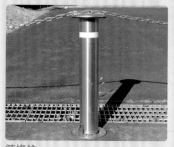

鍊條柱
和隔壁的柱子之間用鏈條相連，不讓車輛通過間隙。鍊條不使用的時候可以拿下來。

石造繫纜柱／帝金
模仿御影石（花崗岩）造型製作的人造石，也有重量達數十公斤的產品。凸出地面的部分占整體的七成，其餘都埋在地面下。

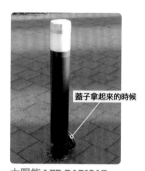

蓋子拿起來的時候

太陽能 LED BARICAR 車擋／帝金
利用白天的太陽光充電，夜晚時頭頂就會透出光亮。可以連續 12 小時亮燈，就算冬天夜晚時間長也令人安心。

上下式 BARICAR 車擋／帝金
這款鍊條式車擋，不使用時可以收到地面下，鍊條也可收納。只要說到車擋大家都會想到這一款產品。

用這種位置配置，就可以連腳踏車都擋下來

這個部分是客製化商品

橫型 BARICAR 車擋／帝金
公園入口常設的車擋樣式。除了橫長的標準款式以外，還有縱長的直立型款式等夥伴喔！

TOEX 空間車擋／LIXIL
名字好像外星防衛軍隊一樣帥氣。實際上應該是守護空間、不讓車子進來的意思吧！在住宅或店家經常看得到這種款式。

注水口

移動式車擋／HIGANO
底座有隱藏式車輪，可以拉出來移動，這款產品具有優秀的移動能力。在隔壁的柱子之間架上板子，就能變成一張長椅凳了！

拱門行車擋／MITSUGIRON
塑膠製品。在底座的水箱加水就具有加重效果。防止車輛入侵的話稍嫌太弱，但防止腳踏車就綽綽有餘了。

鍊條式車擋／MITSUGIRON
一樣都是 MITSUGIRON 出品的塑膠製鍊條式車擋。鍊條當然也是塑膠製品。經常在私人住宅的車庫中看到。

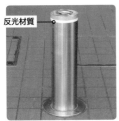

反光材質

掛勾

EX 車擋／UNION
頂部的黃色反光材料是能和其他產品區隔的特徵。除此之外，還有底座上寫著產品名稱這一點，請好好確認。

太陽能車擋／SUNPOLE
很像在升國旗的時候也會用到的長旗杆。是和一般車擋差不多常用的商品。由上往下看，會看到「十」字型的凹陷。

人造樹木
在人造樹上刻意寫「車擋」兩個字。車輛應該能夠感受到車擋傳來絕對不能通過的意志。

車擋的夥伴們
圖 解 車 擋

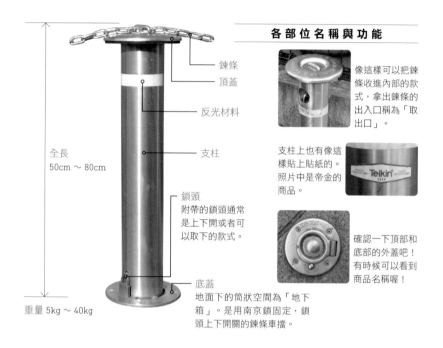

全長
50cm ～ 80cm

重量 5kg ～ 40kg

鍊條

頂蓋

反光材料

支柱

鎖頭
附帶的鎖頭通常
是上下開或者可
以取下的款式。

底蓋
地面下的筒狀空間為「地下
箱」。是用南京鎖固定，鎖
頭上下開關的鍊條車擋。

各 部 位 名 稱 與 功 能

像這樣可以把鍊
條收進內部的款
式，拿出鍊條的
出入口稱為「取
出口」。

支柱上也有像這
樣貼上貼紙的。
照片中是帝金的
商品。

確認一下頂部和
底部的外蓋吧！
有時候可以看到
商品名稱喔！

以實力阻擋車輛進入，這就是車擋的任務。

車擋很重，而且總是很紮實地深植在地面，一切都是為了讓自己變成盾牌，阻止車輛入侵啊！材質以不鏽鋼或混凝土為主，還有很少出現的天然石材。為了讓車子通過，隱身於地面下時，頂端必須具有讓巴士通過的耐久性能，真的非常可靠啊！

常見的車擋，有絕大部分都是帝金製造的 BARICAR，務必記住這幾款產品。支柱上貼著「Teikin」的貼紙、頂部寫著「BARICAR」，就可以區分出帝金的產品了。

了解廠商和商品名稱之後，接著，就試著鑑賞他們所處的環境吧！或許你也會發現在帝金的 BARICAR 中混著 EX 車擋、鍊條的纏繞方式很獨特等狀況，而且還能樂在其中呢！

車 擋 的 生 態

錬條式車擋的鏈條，在非活動時間會呈現各種型態。

十字結　　　　　龜甲結　　　　　垂在地上　　　　內部收納

這些型態應該是依照垂在地上、打結、收進內部的順序進化而來。剛開始垂在地上的鏈條，可能因為景觀美化等原因而開始打結收納，最後基於方便性的觀點而變成用內部收納的方式製作吧！

身兼板凳的車擋

HOGANO 的移動式車擋，長得又粗又矮。會讓人忍不住想坐下去吧！實際上它不只是模擬外型而已，還有加購配件就能真的變成板凳的能力喔！被騙上當真的想坐下而靠近時，仔細一看才發現貼著這種貼紙。

「請勿乘坐」，明明是以模擬板凳的方式引誘大家，卻在最後來這招，真是三心二意啊！

斜 坡 板

　　為了填補路面高低差的斜坡板，是經常放在停車場前的東西。常見的款式為橡膠製，又稱為無障礙斜坡板。

依照素材・使用方式分類

橡膠屬
最大的優點就是價格便宜，而且車輛經過時沒有聲音很安靜，最近勢力範圍越來越大。也有再生橡膠、硬質橡膠等亞種。

塑膠屬
踏上去的觸感比橡膠硬一點，耐久性和橡膠類相近。也有聚胺脂等亞種。

混凝土屬
從「踏腳石」這種類別突然變異而來，所以又被稱為「踏腳磚」。照片上的款式是帶框的踏腳磚。

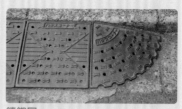

鑄鐵屬
非常堅固，就算被砂石車等重量重的車輛輾過也沒關係，不過相對的價格就比橡膠製高出好幾倍。也有墨鐵鑄等亞種。

鐵板屬
為了防滑而使用特殊紋樣，被稱為網紋鋼板的鐵板。基本上非常堅固，但車子經過時會有噪音。

增高斜坡板 G ／ Richell
橡膠製。橫向三條線的下方有空間，所以偶爾會看到有一些斜坡板在上面開孔。

安全斜坡板／ MISUGI
橡膠碎片製，走在上面會有鬆軟的感覺。外觀看起來也很柔軟對吧！這是一款會讓人忘記原本目的、忍不住想踩上去的療癒系斜坡板。

LIGHT-STEP-CONNER
非常直接地傳遞出這是橡膠製的感覺。不過，製造廠商等資訊不明。

高階斜坡板／ MISUGI
斜坡板界的英雄。MISUGI出品的塑膠製斜坡板，雖說是塑膠製，但非常堅固，從未看過它壞掉的樣子。

JOYSTEP ／ SUNPOLY
JOYSTEP，名字取得非常好。仔細想想，高低差的確是很麻煩，沒有什麼能比能跨越這些麻煩事更快樂了！

UNISTEP
和 SUNPOLY 的 JOYSTEP很像，不過怎麼看都不像是 SUNPOLY 的產品，有待今後繼續調查。

安全升級斜坡板／ TERADA
解決高低差問題就等於安全性提升，以前都沒想過這件事呢！本產品為聚乙烯製。

斜坡板 10cm ／ Kohnan
商品名稱為「10cm」，代表斜坡板的高度。根據需求的高低差不同，像這樣推出多種尺寸的商品很多。

鑄鐵屬

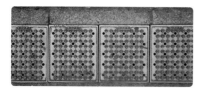

CASCONNER 斜坡板／MISUGI
MISUGI 代表商品。致電 MISUGI 公司的時候，對方接起電話就說：「您好，這裡是 CASCONNER 的 MISUGI 公司。」所以肯定是代表商品沒錯。

HOUSECONNER 斜坡板／鐵裝
可以放在家裡角落，所以取名為 HOUSECONNER，是很簡單易懂的名字。像一般鋪面瓷磚一樣相鄰連結，因此產生固定的花樣。

樂活斜坡板／第一機材
鑄鐵製的高級感再加上公牛的標誌真的很帥氣，但商品名稱卻是「樂活斜坡板」，感覺十分輕盈呢！

歡迎光臨（導覽用）／MISUGI
偶爾會在店家等場所看到這種寫著迎賓語的斜坡板。應該是因為斜坡板才是進入店裡的第一個入口吧！

P 斜坡板
也有這種提醒「禁止停車」的款式。應該是要告訴用路人不要把車停在店門口，請好好停在停車場吧！

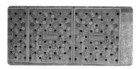

STEPACE 斜坡板
似乎生產至 1990 年左右，但詳細情形不明。有部分商品用羅馬字刻上名言。

Green 斜坡板
第一次看到的時候嚇了一大跳，花朵圖案加上「Green」的文字，當初應該是預計放在花圃附近使用吧！

Happybridge 斜坡板
直譯的話就是「幸福的橋」，好像常常發現這種對於消除高低差，抱著過分喜悅的情形呢！

鐵板屬

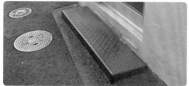

高低差階梯
這是一款讓人發現網紋鋼板廣泛用途的產品。外觀並非斜坡板樣式，而是做成階梯。不過消除高低差的目的，仍然以這個方法達成了。

斜坡板的生態

工作時，通常都是橫向排成一列。

非工作時間也會
縱向疊成一疊休息

交通錐在非工作時間疊成一疊
休息的狀況很常見，但斜坡板也
一樣，它們具有相同的習性。

塑膠製或橡膠製的產品和鐵製品相比強度較弱，
所以偶爾也會看到傷兵

看起來歡樂的氣氛好像漸漸變淡的 JOYSTEP（左）和底座前
方破了洞看起來很痛的增高斜坡板 G（右）。看來雨水會經
過的部分，都會變得比較脆弱呢！
看到這些受傷的斜坡板，就會深深覺得他們真的好努力啊！

弱肉強食

撰寫本書「送水口」專欄的木村先生，發現了這些案例。看到左邊的照片就會聯想到「弱肉強食」。
HOUSECONNER 斜坡板上被覆蓋一層鐵板，可能是使用者發現最初放置的 HOUSECONNER 斜坡板
根本沒有填平建築物入口的高低差，所以之後才加上鐵板吧！右邊的照片也是木村先生發現的，填
補高低差的戰爭竟然發生了三次，為什麼會變成這樣呢？光是想像這些過程就覺得很有趣。或許在
高低差的世界中，競爭也很激烈！（照片：木村繪里子）

┌ 斜坡板的夥伴們 ─

圖 解 斜 坡 板

各 部 位 名 稱 與 功 能

材質有橡膠、鑄鐵、鐵板、石材等。寬度在 60cm 左
右並排數個,兩端角落為圓形的款式較多(收邊斜坡
板)。因為必須承受很重的車輛,所以耐久性要好。
石材製的斜坡板也被稱作踏腳石,以前很常見,但最
近橡膠製的比較多。若是橡膠製做塑膠製品,零件之
間多用螺絲連結。從側面看,形狀有點像人腳底的足
弓,下方保留不接觸土地的空隙,讓雨水流通。

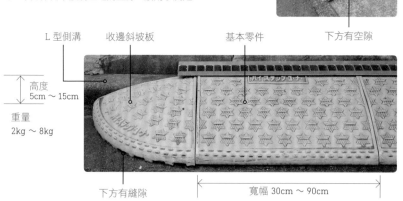

L 型側溝　　　收邊斜坡板　　　　　基本零件　　　　　下方有空隙

高度
5cm ～ 15cm

重量
2kg ～ 8kg

下方有縫隙　　　　　寬幅 30cm ～ 90cm

道路上多彩多姿的物品

斜坡板的使命就是填滿高低差,
並成為通道,讓車輛或乘坐輪
椅的人能夠更容易通行。只有行人經
過的店家前面,放著寫上「歡迎光
臨」的斜坡板,應該是因為高低差造
成的困擾已經超乎想像了吧!

斜坡板會被房車或卡車輾過,所以
力求堅固。材質主要是塑膠或鑄鐵,
基本上重量都很重。

馬路邊的側溝比較常見斜坡板,
但公用道路上其實不應該放置這些物
品。採用降低路面的作法,削低路肩
的高度本來就是施工的目的。但是其
中也有為了填平少少幾公分的高低差
而放上薄薄的斜坡板。由此可知,大
家多麼討厭高低差,而人們多麼需要
斜坡板了。斜坡板雖然是突出道路的
物品,卻也是大家的必需品。

輪 胎 擋

在停車場讓車輛的輪胎無法動彈的物品。不只物理性阻擋車輛行動，更以輪胎的觸感傳達給駕駛「已經無法再前進了！」的訊息。

停車磚／SAICON 工業
很常見的的款式。黃色的部分是反光板，晚上也看得清楚。照片中的款式是混凝土製。

停車磚．塑膠型／SAICON 工業
塑膠製的停車磚。有別於混凝土製品，側面露出固定用的螺絲。

塑膠車擋／PHRODITE
塑膠製的重量比較輕但很堅固，而且竟然有 8 種顏色可以選擇。圓圓的橘色部分是反光材質。記住眼睛圓圓的就是塑膠車擋。

CARSTOPPER．ST-500／MISUGI
這是斜坡板界的英雄 MISUGI 出品的輪胎擋。雖然是塑膠製，但重量達 3kg 左右非常堅固。寬幅 500mm。

CARSTOPPER．ST-600／MISUGI
寬幅 600mm 的款式。比 ST-500 更輕，而且可以只用黏著劑固定在地面上，很方便使用。

CARSTOPPER A 型／TOEX
名字和外觀都很像 MISUGI 的 ST-500。 只要記住側面有條紋的就是 A 型即可。這款產品也是塑膠製品。

混凝土磚車擋
將混凝土磚垂直放在地上的樣式。市面上也有販售將混凝土磚固定在地面上用的黏著劑。

角型鋼管車擋
經常在付費停車場看到這種款式。有些到處都生鏽或者裡面塞著垃圾，這明明就不是垃圾桶啊！

御影石車擋
奢侈地使用御影石（花崗岩）的款式。但仔細一看，好像是在混凝土磚的上面蓋了一層像蓋子一樣的御影石啊！

― 車擋的夥伴們 ―

圖 解 輪 胎 擋

各 部 位 名 稱 與 功 能

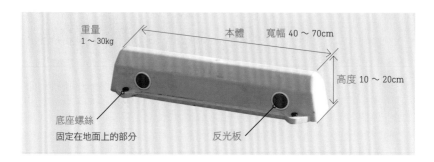

重量
1 ～ 30kg

本體　寬幅 40 ～ 70cm

高度 10 ～ 20cm

底座螺絲
固定在地面上的部分

反光板

輪胎擋必須承受輪胎的重量，所以不能破裂這一點很重要。因此，輪胎擋採用就算被輾過去還是能恢復原狀的塑膠或橡膠、堅硬的混凝土等材質。除此之外也必須穩穩地固定在地面上，因此一般使用底座螺絲插進地面固定。如果是自家車庫，知道不會有重量過重的車進來，也可以只用黏著劑固定。

輪胎擋大多都會加上反光材質，讓駕駛在夜晚也能知道自己的位置，除了能讓駕駛順利停車以外，還能避免一時沒注意而發生衝撞的危險。

提醒駕駛輪胎位置的界線，絕對不會移動

輪胎擋的功能主要有兩個：告知駕駛人停車場空間內前進方向的界線，以及固定輪胎。

空間的界線可以透過顏色或反光板等視覺傳達，而輪胎透過觸碰也能傳達界線。如果能夠充分發揮這些功能，使用磚塊、單管鐵管也可以，只要能將輪胎撞上車擋的觸感傳給駕駛人即可。

當然，並不是所有車輛都很輕，停車場也不一定平坦。如果是非特定且大量的汽車都會使用的停車場，必須具備牢牢固定輪胎的功能以防萬一，所以它們都在地面下深深紮根。

追根究柢，它們的工作是守護車輛和人們的安全。夜裡發光的反光板，就是它們閃耀著雙眼認真工作的最好證明。

輪胎擋的生態

能找到輪胎擋的地方，就表示那裡一定是很棒的車庫或停車場。

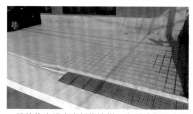

一般的停車場大多都像這樣，有斜坡板卻沒有輪胎擋，因為，其實並不需要啊！只要駕駛能目測和牆壁之間的距離就能順利停車了。

想要觀察輪胎擋的群體，只能去寬廣的停車場了。在這裡你可以看到輪胎擋和同伴之間有一定的間隔，整齊排列並辛勤工作的樣子。

照片中的例子顯示，白線表示停車格的橫向界線，而輪胎擋有顯示縱向界線的功能。輪胎擋除了對輪胎產生障礙以外，在視覺上形成界線誘導駕駛人的功能也很強。

副業

輪胎檔竟然做起斜坡板的工作，這是非常有趣的例子。

輪胎擋的高度頂多只有 10cm，如果車輛力道過猛，還是無法必免被衝過。因此，一開始就以能被輪胎輾過為前題設計。製造廠商的網頁中，也公開「輾過也不會損壞」的影像。

反過來運用這一點，逆轉成「為了穿越」而使用的斜坡板。然而，它因為從事非本業的嚴酷勞動，左前方的輪胎擋已經破損了。如果可以的話，真希望能把它修好，讓它安度餘生。

弱點

輪胎擋的弱點之一，就是像「眼睛」一樣的反光板。宛如青蛙眼的反光板，是突出在外的樣式，所以被輪胎輾過就可能會破裂。看起來好像很痛啊！

原創車擋

使用御影石的停車空間旁，出現這種只是將磚塊排成一排的輪胎擋。就算是這樣，停車費應該也沒有不同吧！

界　標

小金井美和子

文字・照片

馬路鋪面會出現在車輛通過的區域。為了讓地面更堅固、更順暢，在土壤表面鋪設某些材質，這就是所謂的鋪面。鋪設材料可以大致分成「流體類」或者「固體類」，還有「擬態類」這種鋪面。

有 NTT 標誌

十字的交會點是地界。

土地房屋調查員的家徽

像鐵釘一樣的大頭釘。頂部的直徑大約為 15mm。

從工部省時代就一直沿用到現在，印有「工」字的 JR 界標。

寫著「靜岡縣」簡單明瞭！

標有新宿區的章

椿
有天然石材或混凝土製的椿，具有永久性，因此被廣泛使用。根據用途不同，也有塑膠製的。

金屬板
以都市為中心廣泛使用。材質有黃銅、不鏽鋼、鋁等。有像貼紙一樣貼附的型態，也有像釘子一樣釘入地面的，種類很多。

大頭釘
打進地面的款式，有鋼製或不鏽鋼製、黃銅製等樣式。

橫須賀市與暗渠

　　走在橫須賀的街頭，會看見平凡無奇的道路上設置著「水路」的界標。周邊到處觀察也沒找到像是水路的東西，原來這裡以前曾經是河川，現在是「暗渠」，在河川上加蓋，當作道路使用的地方。變成暗渠將近 50 年，這條水路一直被當作行人的「道路」使用。

　　或許很少人會發現這裡曾經是水路，當地還有多少人記得這件事呢？它就像不拘泥於樣貌，一直默默守護我們的老朋友一樣，真是令人感動萬分啊！暗渠，真好啊！

NTT 的前身．電電公社
以前三公社五實業（＊譯
註：早期日本國營企業
的統稱）中的企業，通
常都會在界標中放入自
家的獨特章紋。

東急電鐵的舊公司紋印
在所謂的「大東急」時
代也使用過的公司紋印。

「物揚場」（上下貨的地方）

「境界標」

鎌倉河岸
（千代田區內神田）
這裡是從前船隻上下貨
的地方。這個界標向現
代傳達了東京曾經是水
運城鎮的訊息。

旁邊是新
的界標

涉界
曾經存在至昭和 7 年
（1932 年）為止的小鎮
——南豐島郡涉谷町的
界標。它在這裡標示著
土地界線已經超過 80 年
以上。

帝國海軍
兩道「M」字疊在一起，
這是國海軍的記號。曾
經是軍用的歷史，殘留
至今。

居留地界
以前曾經存在橫濱的外
國人居留的界標。120
年前，來到未知土地的
英國人，看著這塊石頭，
會想到什麼呢？

設計

東京都北區章的一
端延伸出去指著地
界點。

地界點不是箭
頭頂端，而是
界標的邊角。

界標自身的構造也
很值得觀察。為了
防止埋進地面難以
測量，所以會在有
的界點的部分刻意
不做導角加工，這
是體貼使用者的設
計。東京都中央區。

材質

黃銅
少了這個材質就顯得無
趣了。獨特的質感、光
澤，就連磨損的樣子都
很美。

御影石
手工雕刻的文字
非常可愛。

混凝土
有點歷史的混凝土裡會
混入石頭大小的骨材，
形成顆粒狀的表面。

與界標相似的物品

基準點

乍看之下和界標長得一模一樣，但這些都是有 XY 座標的測量基準點。界標也是以基準點為準計算後設置的，所以也可以說是界標的父母。

大多都寫有基準點字樣，非常簡單明瞭，真是太感謝了。

沿著河川走，就會看到管理維護河川用的基準點。

手開蓋型（把手伸進去操作）的款式很多。中間是足立區的區印，裡面有基準點。

水準點

基準點若為 XY 軸，那麼這就是測量 Z 軸＝高度的點，是基準點的夥伴。然而，設置界標時幾乎不使用水準點。

手開蓋型的數量也很多。打開蓋子之後，會看到裡面開著一個洞，洞底埋著水準點。

別於基準點和界標，水準點是圓弧的半球狀。只要看到這個就可以判定是水準點了。

BM 也就是 BenchMark 的簡稱。表示測量用語中的水準點。這個詞彙源自電腦性能的基準 BenchMark。

標示樁

標示樁是為了標示地底下的埋設物或土地地質而設。不具座標，和界標完全沒有關係。

用箭頭表現地下水管的彎曲狀況。

這種樣式被稱為貓眼。具有透明感，非常美麗。

傾斜坡地有崩落危險的標示樁，是這種土地特有的標示樁。

界 標 的 生 態

設置地點

國家管理的道路,也就是在一級國道設置的國交省(＊譯註:相當於交通部)界標。看到界標就可以感覺到自己身處於國道上。

遠離牆面的界標。應該是以前的道路拓寬了吧!從界標發現道路寬度的變遷也是一種愉快享受。

這是原本在三井三池碳礦的界標。像這種歷史遺跡的標示只能在現場看到。以後會不會變成「世界文化遺產界標」啊?

竟然變成這樣……

在牆壁中間貼上界標。如果遇到牆面傾斜等狀況時,好像就必須貼上這種界標。從這裡就可以看出測量員有多辛苦。

測量以前測過的地方卻發現歪了,這種情形經常發生。用大頭釘修正過的界標,實在有點醜。

因為某些原因被拔出來的界標,有時會轉職到令人意想不到的地方。它到底遇到上什麼事呢?我在心裡默默替他加油。

雖然很樸素,卻是任何人都能觀察、魅力多彩多姿的道路小物

在地籍調查界中,似乎流傳著:「可以留下地界,但不能留下遺憾。」這句話。常常有那種因為少了一支界標,搞不清楚和隔壁土地之間的地界在哪裡而發生糾紛,甚至鬧上法院的情形。界標是非常重要的,但它本人卻很低調。它們小小一塊端坐在土地的一隅,非常不顯眼。

仔細觀察它們,就會發現很有趣。

小小的身體卻充滿多采多姿的魅力,從不侷限觀察者的類別。形狀各式各樣,搭配箭頭或鄉市鎮標誌的方法也各有不同。喜愛設計的人可以觀察;因為標示土地界線,所以喜歡地圖或歷史的人也很適合;當然,也推薦像筆者這樣熱衷材質和鄉市鎮標誌的人來觀察。應該沒有像界標這樣,是如此完美的觀察對象了吧!

單 管 路 障

　　單管路障是使用鐵管製作成的路障。支柱通常使用字母 A 自行的塑膠板，但最近也經常看到做成動物或者卡通人物的支柱側板。

AJ 標準型
採用 A 字的經典設計。生產安全用品的各公司都以 AJ 標準型、MJ 標準型等名稱販售商品。

MJ 標準型
支柱也是鐵管製。支柱的重量達 3 ～ 4kg，單一個就可以固定。也以 MA 鋼鐵標準型等名稱在各公司販售。

KY 塑膠側板 A 型／八木熊
雖然也是 A 字型，但外觀看起來好像生物一樣。用塑膠中空成形的外骨骼構造十分堅固。

呱呱側板／八木熊
是青蛙造型。下方的鐵管會穿透身體，所以在身體開一個大洞，打造出有活力的設計。

兔兔側板
各公司以兔兔側板、小兔君等名稱販售。使用高密度聚乙烯中空成形製法。

Hello Kitty 側板／仙台銘版
可能是想說不能讓鐵管貫穿身體吧！所以做成讓 Kitty 的臉從彩虹上面露出來的樣子，非常童趣可愛。

安全第一／green-cross
造型是男性深深鞠躬表達「施工中造成您的困擾非常抱歉」的設計。夜晚時，安全帽的部分會發亮。

KY 標誌側板 加油君 /
八木熊
銷售額的一部分會捐贈給日本東北，販售概念非常驚人。就像是身體中間孔洞的造型一樣，是款非常暖心的商品。（照片：岐篠）

狗狗造型路障
（名稱不明）
狗狗造型的單管路障當中特別可愛的產品。因為是在秋田縣發現的，所以有可能仿照秋田犬的造型喔！（照片：岐篠）

Gachapin 造型路障
／ASSIST
只限定租借的商品。租借業務十分繁忙，所以契約是以租借時間計價的。如果粗暴地使用，會被經理罵喔！（照片：岐篠）

Mukku 造型路障／
ASSIST
當然，Gachapin 的好朋友 Mukku 也在啊！固定單管的夾具位置一樣，製造廠商也已經預想可以和 Gachapin 兩人一組一起使用。（照片：岐篠）

海豚側板／仙台銘版
描繪海豚在海浪上跳躍的樣子，但重心向後看起來很像雙腳踏在地上。（照片：岐篠）

新幹線側板／仙台銘版
使用於日本北陸新幹線的施工現場。E7 系列火車的設計很有速度感。不是以動物為發想的側板很少見。（照片：岐篠）

北海道側板／ASSIST
總公司位於北海道的ASSIST，以「在施工現場替北海道加油」的概念設計。真是什麼樣的側板都有啊！（照片：岐篠）

— 單管路障的夥伴們 —
圖 解 單 管 路 障

各 部 位 名 稱 與 功 能

單管鐵管

反光板
（兔子的眼睛和耳朵）

全長 70cm ～
80cm

側板
（兔子的部分）

夾具

重量 2kg ～ 3kg

寬幅 40cm ～ 50cm

夾具
側板和單管是用夾具連接。

反光板
大多數的產品都有在夜間反射汽車頭燈光線的功能，照射光線之後就會向右邊的照片那樣發亮。

單管鐵管的直徑規格為 48.6mm，因此附屬於單管的夾具規格也是 48.6mm。因為大多都放在道路兩旁，所以大部分的產品都會附有夜間容易被駕駛人注意到的反光板。卡通造型的側板，通常在眼睛的部分會裝上反光板。材質大多為塑膠製。

阻隔道路上的危險物，不讓人或車靠近，給人溫和的好印象

圍起像是施工現場這種不能讓人車進入的地方，是他們的使命。偶爾會被車撞，也在預料之中。為了在這種情形下也不容易損壞，或者利用危險的外觀保護自己不被撞壞，在設計上可是下足功夫。它們和防撞桿一樣都在道路第一線工作，內心總是抱著壯烈犧牲的覺悟。

從這裡開始就不能再進入了，阻隔外物就是路障的使命，所以上面經常會添加各種訊息，譬如寫上「通道在此」、「禁止通行」等句子。這時候，與其使用單純的Ａ字支柱，不如使用青蛙造型側板，顯得比較溫和。單管路障就算在最前線守護大家，也不忘努力帶給人好印象，它們的個性就是這麼溫和。

單管路障的生態

出沒地區

單管路障主要出沒在工地現場，而且一個現場只會有單一種類，通常都成群結隊。新宿車站的南口宛如三麗鷗的主題公園（左上），巢鴨車站的北口則像是被兔子大軍侵略一樣（右上）。就算打倒一隻，也還是會衝出另一隻兔子來。它們都藉由單管連結，間隔一定的距離並排。

圍住危險的現場不讓人車進入，守護大家的安全，它們站立的樣子，不知怎麼地看起來就好像一邊喊著「向前看齊！」一邊行軍的軍隊。雖然也有像 Gachapin 和 Mukku 這種一開始就預想可以兩種配成一組的側板，但仍然是很稀有的例子。（右圖照片：岐篠）

從非生物變成生物，然後……

它們本來就只是普通的支柱，沒有什麼特色，頂多只有綠色或黃色之類的差異而已，最近這 10 年左右才開始出現變化，突然，開始變成動物形狀了，讓充滿殺戮之氣的工地現場，氣氛稍稍變得和緩，這應該就是它們備受期待的功能吧！

隨著猴子或青蛙、海豚等各種動物的登場，市場漸漸進入飽和狀態，接著，它們進化後的最新潮流，就是在地的路障。這次已經不是動物路障，而是北海道路障。並非改變外觀，而是把穿過單管的孔洞做成北海道的樣子，真的很困難。

然而，這就是潮流，單管路障今後也會更自由地發展吧！希望大家不要錯過它進化的過程。

馬 路 鋪 面

石川切

文字・照片

為了明確劃分土地和土地之間的界線而設在地面的標誌。由測量員或土地房屋調查員所設置的界標，有各種不同的種類和形狀，但界標本身的功能都一樣。根據材質不同，有界標石、界標椿、界標釘等各種稱呼。

流體類

混凝土鋪面和瀝青鋪面等，在現場混合後鋪設，等待鋪面硬化的形態就屬於流體類。砂石鋪面一般不會歸類為「混合物」，但瀝青鋪面（正確名稱應為瀝青混凝土鋪面）本來就是為了不讓砂石飛散而使用混凝土漿固定砂石，所以很接近砂石鋪面。

固體鋪面

在其他地點製作好適當大小的固體物，再帶到現場鋪設，大多為天然石材、混凝土製品。因為不太適合車用道路，所以經常在人行步道等地使用。木製步道也是它們的夥伴之一。

擬態類

鋪設時總會「模仿某些東西」，仿造土壤或石材的混凝土鋪面、仿造石頭或磚塊的混凝土塊鋪面等。從擬態的鋪面，就可窺見我們的潛意識當中對地面材質的期望。

瀝青混凝土

最為普及的鋪面，又稱為瀝青鋪面，可應用在各種場所。性能和價格都無人能出其右。

彩色瀝青混凝土

在瀝青混凝土當中加入顏料著色的鋪面。為了提醒用路人注意彎道等危險而使用紅色鋪面。

混凝土

在混凝土的表面印上落葉的圖樣。在溫哥華的街頭發現這一款鋪面。

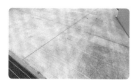

混凝土

為了預防龜裂，混凝土鋪面每隔一段距離就會畫出一條龜裂誘發縫，切開整體結構。也有一些誘發縫會做成圖樣的一部分。

剛性瀝青混凝土

在公車站等場所的鋪面，因為需要承受車輛的重量，所以需要拌入水泥漿加強剛性。看顏色就可以區分。

透水性瀝青

紋理表面粗糙，可能就是透水性瀝青混凝土。雨水可通過鋪面，所以不會產生積水的現象。

混凝土

瀝青混凝土很柔軟，會因為腳踏車停車柱而凹陷，所以停車場適合用較硬的混凝土。

真空混凝土

坡度陡的道路大多會有止滑紋樣的混凝土鋪面。依照鋪設方法不同，有時也稱為真空混凝土。

石材鋪面

排滿圓形石頭的裝飾性鋪面。在波士頓發現這款石頭鋪面。

磚塊鋪面

磚塊表面會看見小孔洞，這是雨水滲透用的排水孔洞。

石材鋪面

並非嚴密的鋪面。這是東福寺庭院裡的石造鋪面，出自於庭園設計師重森三令的手筆，是現代感日本庭園的一部分。

石材鋪面

路面電車的線路上鋪著厚厚的花崗岩。都內電車（譯註：日本東京都電車，於1972年11月全面廢止，目前僅存荒山線尚在營運中）的石材鋪面，在廢棄後轉用到其他道路鋪面上，至今仍可在部分道路上看到。

混凝土平板
在混凝土中拌入砂石的預製混凝土鋪面，充分應用砂石原有的顏色。

平板與磚塊
以鋪面顏色區分道路和小型公園的區域。

天然石材
偏黑的深灰色花崗岩，裁切成 50 公分石板，鋪設成步道。只有在樹木根部保留土壤。

天然石材
在道路正中間鋪上天然石材，強調是寺廟的參拜道路。地點為於深大寺。

天然石材
花崗岩比其他材料堅硬，在車道上也有使用。若面積過大可能會碎裂，而且會因為過重而難以施工，所以大多用拼接小塊石材的方式鋪設。

天然石材
在步道上使用花崗岩鋪設。通常使用 10 公分 x20 公分的石磚。雖然充滿獨特風情，但不見得好走。

天然石材
使用於私人住宅停車場的大谷石（譯註：栃木縣縣宇都宮市西北部的大谷町一帶所出產的石材）。

天然石材
公寓入口處的象徵性石材鋪面。

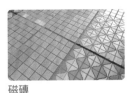

磁磚
不會光用磁磚鋪設，通常都是以混凝土為基底。從貼磁磚的方式，也可以看出混凝土的龜裂誘發縫。

連鎖磚
混凝土製的 10 公分 x20 公分連鎖磚，是非常受歡迎的步道鋪面樣式，有各種不同顏色。

連鎖磚
表面展現細緻的砂石紋理，是具有「材質感」的石磚。照片中是鋪設完成後再加上黃色誘導磚。

磁磚
磁磚設計多變，但對鋪面而言不夠堅固，所以道路上很少見，通常使用於大樓前的空間。

石材文字鋪面

10公分方塊狀的花崗岩，又稱為PINKORO。鋪滿這種花崗岩石塊的車道上，描繪著暫停和通行方向的標誌。在石道上漆油漆很容易剝落，所以用白色的花崗岩組成文字。是非常耗費金錢和勞力的交通號誌。

最低限度鋪面

私人宅邸的前院停車空間，只有在車輪的部分鋪上天然石材。雖然毫無任何停車空間的標示，但從大小和間隔就可以知道是自用車的停車場了。

磁磚

用粉紅色來增添層次感的磁磚鋪面。照片中的款式是仿花崗岩材質的磁磚。

連鎖磚

大多數的混凝土磚仍然維持大地色系，表示仍無法完全脫離仿造土地或磚塊的形式。

連鎖磚

連鎖磚通常把砂土作為緩衝劑，所以剛鋪設好的步道往往會溢出砂土。

天然石材

設置於植栽與連鎖磚之間的斜面，以黑色石材水平鋪設階梯。

木製步道

木製步道下方是混凝土地面的構造，下雨時雨水會落到混凝土地面。在屋外也能和屋內一樣，可水平鋪設地板。

橡膠顆粒鋪面

兒童公園的遊樂器材周邊，為了保障安全而鋪設細緻的橡膠顆粒鋪面。

鋪面的夥伴們

圖解鋪面

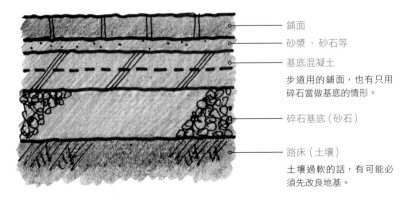

鋪面
砂漿・砂石等
基底混凝土
步道用的鋪面,也有只用碎石當做基底的情形。

碎石基底(砂石)

路床(土壤)
土壤過軟的話,有可能必須先改良地基。

鋪面的露頭。在停車場的盡頭可以看到,從鋪面到碎石基底的剖面。

打造街道的地面,地底下深厚的支撐力

鋪面的本體隱藏在地底下。我們在街上看到的鋪面,只是表面完工後的樣貌。根據行經道路的車輛種類、重量或頻率,決定鋪面的構造。其構造顯現於支撐鋪面的基底混凝土厚度或下方的砂石基底厚度(稱為路基),以及最底下的土壤改良(稱為路床)等,這些都深埋在地底下,無法看見。在交通量大的道路上鋪設的瀝青,雖然外表平靜(可能說外表平滑比較貼切)但其實表層的鋪面下有著厚實的構造支撐整個路面。

鋪 面 的 生 態

包覆地面、加強硬度

街道上，不可能直接使用裸露的土地。塵土或雜草等「不可控制的物品」，對街道而言都是不討喜的東西，所以通常會蓋上鋪面。暫時的鋪面會使用瀝青，除了價格便宜以外，鋪設之後能夠盡快使用也是主因。

標示規則

有些寫上文字、有些用顏色標示。街道上的鋪面，不只能加強地面硬度，也能當作標示各種規則的媒介。可以在道路上書寫交通規則，也能用顏色或材質區分場地的界線或管理區域。

排水功能

讓街道地面平坦、乾燥是鋪面的使命之一，下雨之後，讓雨水能迅速流走。依據鋪面不同，也有一些款式可以讓雨水滲透之後回到土壤中。

鋪面的更迭

鋪面也有壽命，使用石材或磚塊的話總有一天會脫落，必須使用瀝青或砂漿填補。瀝青路面也不是永久性的，廢棄不使用、缺乏維修管理的話，就會從縫隙長出雜草，油漆的文字也會脫落。街道上的鋪面，需要時時維護更新才能持續使用。

路緣石・排水溝

石川切
文字・照片

場地的界線或道路鋪面的邊緣、鋪面與植栽土壤的中間地帶等，在這些「邊緣地帶」都會出現路緣石。或者在「被人們推測出來的界線」（p.69）當中會看到的排水溝，也常常出現在場地的「邊緣地帶」，而且經常會和路緣石一起搭擋。

L 型側溝
位於道路兩端，兼具路緣石與排水功能，是最普遍的側溝。大多是以預製混凝土的形式製作。

L 型側溝
一般高度為 10cm，但人車會經過的地方，也會使用高低差較小的款式。

L 型側溝
道路施工時，旁邊放著鋪設前的 L 型側溝板。從橫切面看，就可以很明顯看出 L 型。

格柵板
金屬製的側溝蓋。為了讓雨水流通而做成格柵狀。這是最簡易、行人專用的格柵水溝蓋。

格柵板
車輛通過的部分，格柵板會以螺絲固定。下方的側溝混凝土結構也很厚實。

格柵板
車輛專用的堅固款式——鑄鐵製格柵板。這一款格柵板本身就很重。

V 字形側溝
在鋪面正中央的集水型排水溝。在廣場或停車場等寬廣鋪面上經常會出現。

間隙側溝
排水溝蓋十分細長而且不顯眼的樣式。雖然很美觀，但若有東西掉進間隙會很難撿起來。

裝飾側溝
配合鋪面樣式的排水溝蓋，是非常重視設計的款式。水會流進蓋子旁的金屬縫隙中。

土地邊界磚
這是最普通也最常見的預製混凝土材質的路緣石。寬 10cm、長 60cm。

土地邊界磚
路緣石經常會放在私有地與道路的邊界上。各自的鋪面款式差異，非常顯眼。

土地邊界磚
使用天然石材製作的邊界磚。與磚塊鋪面的裝飾側溝一起配置，是非常豪華的款式。

埋入地面的路緣石
在道路或農地的邊界可以看到很多這種埋入地面的邊界路緣石。

植栽與步道之間的路緣石
支撐步道鋪面兩端的路緣石，同時也形成植栽土壤與步道的邊界。

步車道邊界路緣石與街渠
步道與車道之間的路緣石稱為步車道邊界路緣石，使用混凝土的現場組裝工法製作的側溝，又稱為街渠。

守護街道規則的堅固線條

在地面上所有的物品當中，最為堅固的東西並非鋪面而是路緣石。路緣石是為了標示界線而鋪設，而街道上區域的界線正是最重要的規則。因此，路緣石經常有別於鋪面構造，設置在又深又厚實的基底上。就算道路上瀝青或步道的磚石都已經沉陷或者翹起，路緣石仍然筆直地立在原地，這種情形十分常見，不過這也是設置路緣石的理由。

路緣石的使命就是「不動如山」。道路施工時，最一開始設置的就是路緣石或側溝。在道路的兩端設置路緣石和排水溝之後，才在中間埋入瀝青鋪平。路緣石和側溝將看不見的界線化為具體，立於道路兩側、集水放流，堅定地守護著街道上土地的界線。

人孔蓋

小金井美和子
文字・照片

走在路上就會看到許多人孔蓋。因為是 man（人）會進入的 hole（孔洞），所以稱為人孔蓋，日文當中也稱作「人孔」。手可以伸進去操作的則稱為手孔蓋。

人孔蓋的夥伴們

圖 解 人 孔 蓋

各 部 位 名 稱 與 功 能

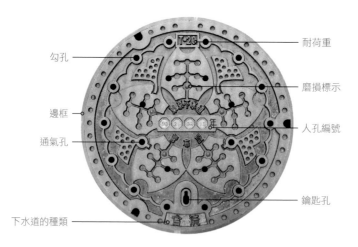

勾孔
耐荷重
磨損標示
邊框
人孔編號
通氣孔
鑰匙孔
下水道的種類

* 以東京都 23 區型下水道用人孔鐵蓋為例。

直徑：一般的人孔蓋直徑為 60cm。
　　　根據用途不同，也有直徑 30cm、90cm、120cm 的人孔蓋。
用途：下水道管線維護。60cm 的孔洞可以讓人進出，
　　　30cm 的孔洞可以讓小型機械進入。
　　　90cm 或 120cm 的孔洞則是搬入大型機械時使用。
材質：墨鑄鐵（FCD）・ 一般鑄鐵（FC）・
　　　鋼筋混凝土 ・ 塑膠等材質
重量：下水道用 60cm 的鐵蓋約為 40kg。

將生活廢水引至地下水處理廠，把雨水導向河川或海洋的下水道水管。

下水道 下水道蓋是為了連結這些管線而設，可說是人孔蓋鑑賞界的明星。下水道有分流式與合流式兩種。

東京都下水道局的標誌

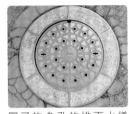

非常一般的人孔蓋，又稱為 JIS 型。1958 年（昭和 33 年）決定下水道人孔蓋的規格時，參考的設計圖就是照片中紋樣的由來。

開了許多孔的排雨水樣式，和左邊 JIS 型的紋樣凹凸正好相反。人孔蓋愛好者稱為「反 JIS」，也是筆者最喜愛的人孔蓋。中間是川崎市的標誌，中心寫著「下水」兩個字。

親子蓋。蓋子有兩層的樣式。需要人進入的時候開小的蓋子，需要大型機械時則打開大蓋子。

和周圍的路面一樣

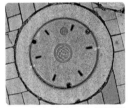

這是配合周圍景觀的連鎖磚，在人孔蓋上裝飾的例子，稱為裝飾蓋。中間有橫濱市環境創造局的公仔——阿大。

為防範豪大雨等天氣吹走人孔蓋，所以開了許多通氣孔防止人孔蓋飛走。內部藏有空氣閥件。

混凝土人孔蓋不像鑄鐵製的強度那麼高，而且又厚重，所以人孔蓋通常使用鑄鐵製。中間是茨城縣的舊縣章。

上水道 讓水能夠抵達水龍頭的道路。步道上經常會看見控制水流的開關閥、控制閥、止水栓的小蓋子。

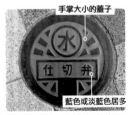

手掌大小的蓋子

藍色或淡藍色居多

開關閥指設置於自來水配管各處的閥件。當自來水管破損時，可以在這裡截斷水源，從別的路線配水。

不只小蓋子，也有大的鐵蓋。這是為了排出自來水管中的空氣而設置的空氣閥裝置。

這是為了清掃自來水管而設置的閥件。配管兩端有開放閥，隨著大量排水可以清除泥砂，也有兼具消防栓功能的款式。

瓦斯

瓦斯公司會依照地區有所不同,所以旅行的時候總是很期待。瓦斯人孔蓋的字體或設計,大多都很可愛。

熱海瓦斯的人孔蓋。像這樣在瓦斯人孔蓋上面漆綠色的樣式很多。

用漢字寫著「瓦斯」兩個字,現在仍然留有許多撰寫漢字的人孔蓋。從上面的漢字是由右到左書寫,就可以知道其年代久遠。

「電防」是漏電防腐的意思。瓦斯管若腐蝕造成瓦斯外洩就不得了了,因此,使用微弱電流或者埋設鎂等陽極物質的方法,來防止管路腐蝕。

電路

供給建築物或路燈、紅綠燈電力的電線。一般而言,用電塔送電的高壓電線也是埋在都會區的地底下。

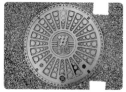

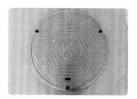

「宛如電路的紋路」也有各種不同的款式,照片中的紋路也經常用在電路類的人孔蓋。中間是九州電力公司的徽章。

東京都立公園裡的人孔蓋。上頭描繪了東京都鳥紅嘴鷗、都樹銀杏、都花染井吉野櫻等。雖然 23 區都以共同的櫻花為設計,但還是有很大的差異。

斑馬線附近的地面會看到這種人孔蓋。K 是代表管理紅綠燈的警察廳(日文發音為 Keisatsutyo)的 K。也有部分人孔蓋寫著「警」或「警察」。上面的凹凸點狀具有止滑功能。

通訊

為了修繕埋在地下的通訊纜線而設的人孔蓋。

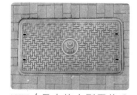

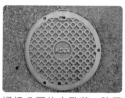

NTT(日本的大型電信公司)的人孔蓋。用 T 字組合成的圖紋,是採用 Telephone 和 Telegraph 的第一個字母,從 NTT 的前身——電電公社時代就沿用至今。

也有圓形的人孔蓋。中間是國土交通署的前身——建設署的徽章。T 字圖紋很常使用在通訊類的人孔蓋上面,所以可推測「這裡面應該有建設署通訊纜線吧!」

通訊公司的人孔蓋。除了電話之外,還有資料傳輸、有線電視等,可以看見各個公司的徽章。

消防水利 在會降雪的地區會使用地上型，但較少下雪的地區則大多使用地下型。消防栓的人孔蓋，總是塗著黃色系的顏色，讓人一目了然。

畫有消防車的人孔蓋也很多。輪胎上的圖案是東京都的章，從這裡就可以知道是東京都的人孔蓋。

橫須賀市上下水道的吉祥物——水寶寶。這應該是幫浦車從地下防火水槽汲水的樣子吧！不過，這可是消防栓的孔蓋耶！真是令人在意啊！

消防栓看板支柱上，有標示消防栓感蓋朝向哪個方向、距離幾公尺的箭頭。筆者每次看到這種箭頭，都會忍不住去確認位置是否正確。

測量用 進行各種測量時使用的基準點和水準點。經常可以看到這些點隱藏在城鎮裡的手孔蓋中。

BM 指 Bench Mark，也就是水準點之意。中間是東京都港區的區章。

照片中的水準點孔蓋，上面描繪著作業員用經緯儀測量的插畫。孔蓋上標記著現在已經不復存在的建設署記號，希望大家也要注意這一點。

杉並區原創設計的基準點孔蓋。據說要找到二級水準點比登天還難喔！

通用人孔蓋 並非用於公共道路，而是用於建築物區域內的通用人孔蓋。明明是「通用」產品，但卻因生產廠商不同各有自己的風格，真是有趣。

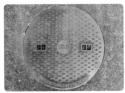

IGS・伊藤鐵工的人孔蓋。同時出現商標和公司名稱的人孔蓋，人稱「羅塞塔石碑孔蓋」，對人孔蓋迷而言是稀世珍寶。

DIDORE 公司的人孔蓋。鑽石造型的圖紋很可愛，標誌也很可愛。照片中的標誌仿造石燈籠、被稱為燈籠章的圖形，好像是大正 12 年（1923 年）公司創業時就已經有的圖形。

西原 NEO 株式會社出品的鐵蓋，非常令人印象深刻，其嶄新的設計非常吸引人，也有很多愛好者。

人孔蓋最吸引人的地方

富有地域性

先來介紹 JIS 的「普通孔蓋」，就算是「普通孔蓋」也會因為地區不同而出現差異。譬如，在京都像圖①的孔蓋很普通，走在街上到處可見。因為筆者是關東人，所以造訪京都時，宛如到了異世界一般，這種感覺非常強烈。

走訪溫泉區時，也會有「溫泉便當」這種東西。圖②是在熱海拍攝的孔蓋，在一般民宅前可以看到很多，可能是為了把溫泉引到自己家裡吧！真是令人羨慕。

圖③是丸之內熱能供給株式會社出品的孔蓋，這是一間在丸之內或青山地區負責當地冷暖空調的公司。說到當地的人孔蓋，當然還是有設計感的比較受歡迎，不過這一款也是只有這一區才有的孔蓋。雖然有點樸素，但還是希望它能抱有身為當地人孔蓋的驕傲。

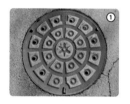

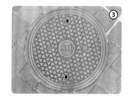

注意字體

以前為了做人孔蓋，必須要用手工雕出木造的鑄模。因此，稍微有點歷史的孔蓋，字體都充滿特色，非常有趣。圖④的「弇」字，最近的孔蓋上都已經不使用，所以只要找到這種孔蓋就會令人很興奮。

圖⑤結合了非常有威嚴的氣勢和不怎麼清晰的文字，就像在告訴我們：人生不需要多餘的物品。

圖⑥是橫濱市水道局的孔蓋。為什麼會加上平假名呢？每個文字都非常惹人憐愛，正中間的平假名「り」真的可愛到極點。

令人感動的質感

鑄鐵，光是發音就很甜美，尤其磨損、劣化的鑄鐵，更讓人興奮。上水道系列的鑄鐵蓋是磨損孔蓋的寶庫，圖⑦就是其中一例，具有一般鑄鐵的獨特質感非常動人。

舊鐵蓋也好，圖⑧的舊水泥蓋也不錯，它混入令人驚訝的大顆砂石。砂石混合的程度剛好符合我的喜好，好想跟製造廠商說：「你真了解我啊！」照片中的章紋是東京府的圖章。

圖⑨是老舊的瓦斯蓋，寫著瓦斯的「瓦」字，簡單明瞭地讓人了解用途。威風凜凜的樣子，讓人感受到經歷無數戰役的勇者風格。

讓水柱噴出，在突如其來豪雨中也能確保安全

頻繁出現突如其來的豪雨，這時候只要看看 Twitter 或 Facebook 就會發現已有很多人說：「有水柱從人孔蓋冒出來！」不過，這種現象並非是人為刻意引發的，有水柱噴發才是正常的。

平常人孔蓋的外框與地面密合，用鉸鏈和鎖頭固定，構造上無法輕易打開。然而，當出現豪雨時，管渠內充滿雨水可是會出大事的，水壓可能會影響管線，導致管線破裂，人孔蓋如果因為水壓而被強行打開，行人不慎掉進孔洞裡非常危險。

為了防範這樣的情形，最新的人孔蓋都有安全機制。稍微有一點水壓，人孔蓋就會浮起來，宛如噴水池一樣的感覺，排出雨水。更厲害的是水壓變弱之後，浮起來的人孔蓋可以完全恢復到原來的位置上，若沒有恢復到原來的位置，出現斜放的狀態，車輛通過時就會造成事故。

是否要設置防止浮起的人孔蓋，必須看地點決定。不過，現在的人孔蓋從耐重到邊框的設置方法都有詳細的規格，只有完全符合規格的人孔蓋才能出貨。無論有沒有災害，都不需要擔心會掉進人孔裡，可以安心走路這一點，真的很令人敬佩。

然而，會出現水柱的地點通常地勢都比別的地方低，所以潛藏著其它的危險。如果看到水柱把水溝蓋沖起，也請不要靠近，盡快到安全的地方避難喔！

廠商也會進行浮起的測試，以確認精密度。

進行實際讓車輛經過的實驗。

人 孔 蓋 的 生 態

磁磚不同　這對裝飾用人孔蓋來說是個悲劇，好不容易和道路同化，卻因為鋪面改變反而更顯眼。

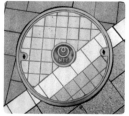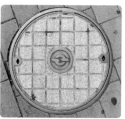

就這樣被留在原來的地方、或者看得出來施工人員努力想配合以前鋪面的痕跡。周邊鋪面都已經完全改變的狀況下，人孔蓋看起來也已經釋懷了。

蓋庭　雨後散步，會發現人孔蓋的間隙長出青苔或雜草。充滿活力的小小雜草是道路上的一抹綠彩，被稱為「蓋庭」或「縫隙裡的大自然」。

看見狹小的間隙裡長滿青苔，令人感覺身心舒暢。另一方面，破損的孔蓋裡綠意茂盛，就形成有些許荒涼感的蓋庭。不過，周邊土壤範圍大的話，可能就無法說是「一抹綠彩」了呢！

反射出光線的人孔蓋　拍攝人孔蓋的方式百百種，筆者最推薦反射出光線的人孔蓋。受光照之後反射光亮的樣子真的非常美麗。

文字和圖樣顯得更深刻，更加顯現金屬質感，這是最酷的光線人孔蓋。我建議夜晚等車輛通過時按下快門，雖然會被別人當成怪咖，但我們不能輸！成功之後的回報非常甜美喔！

從人孔蓋窺見歷史

我認為要從人孔蓋窺看歷史有兩種模式，其中一種是「骨董蓋」。這些孔蓋都是從以前留到現在的東西，是可以了解往昔的重要文化遺產。另一種是「設計蓋」，這些孔蓋是顯示現代人繼承過去發生的事情，今後也會好好的傳承下去吧！看著這些孔蓋，就能感到安心。

骨董蓋

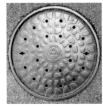

不知道是什麼偶然的情況，只有人孔蓋沒有更換，一直留到現在。這是舊品川町的孔蓋。品川町是一個在昭和 7 年（1932 年）就已經消失的城鎮。磨損後的一般鑄鐵，質感仍然很有韻味。

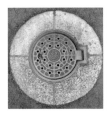

燈孔蓋。直徑 30cm 左右的小孔蓋。燈孔是大正末期至昭和年代（1920 年～ 1898 年左右），為了讓檢查下水管的人員可以掛燈而設置的孔蓋。當然，現在已經沒有了。

設計蓋

琦玉縣的吉祥物——小斑鳩。其設計原型來自灰斑鳩，據說是在江戶時期（1603年～ 1860 年）從國外帶回來的鳥類。把這個形象用日本最擅長的方式公仔化，現在也成了人孔蓋的設計圖樣。

人孔蓋上面描繪的是東京都荒川線的7500 型電車。這是平成 23 年（2011 年）結束營運的車輛。人孔蓋就像這樣剪下歷史的片段，保留在城鎮的角落。

馬路上的進化圖

人孔蓋總是被要求要有相反的功能，既要完全蓋緊毫無縫隙，又要在想打開的時候毫無阻礙。就算被雨淋濕也不能讓車輛或行人打滑，同時又不能磨損輪胎、行人要是跌倒也能用手扶著不讓人受傷。既要減輕重量，又要增加強度。

拼命努力回應這些需求，人孔蓋漸漸進化。然而，就算做到完全無縫隙、不會打滑，也不會獲得行人的讚美；反之，被孔蓋割傷、或因孔蓋打滑、驟豪雨導致孔蓋飛走時，就變成眾矢之的。人孔蓋的最佳狀態就是不被人們注意到，真的非常可憐。

現在這個時代人孔蓋都非常優秀，除了集結技術精華的最新型孔蓋，還有被判定為明治時期（1868 年～ 1912 年）出產的骨董孔蓋，各個時代的孔蓋都存在於馬路上。鑑賞現存孔蓋的進化圖，令我不禁想為努力殘存下來的孔蓋鼓掌。

水井式抽水幫浦

柏崎哲生

文字・照片

找到水井這件事本身就很令人開心，就像在尋寶一樣。從周圍的風景就能想像「人們的生活」，並且感覺到使用人的情緒。令人驚訝的是樣式五花八門，商標也各異其趣。

水井式抽水幫浦的夥伴

圖解水井式抽水幫浦

各部位名稱與功能

手壓柄

擁有裝飾風格藝術的曲線，若使用時太粗暴會斷掉喔！

活塞

讓木球（組成開關閥的零件）上下移動的部分。被棄置的幫浦，通常這個部分都已經折損。

出水口

井水流出的部分。照片中的幫浦用手巾做成過濾砂石用的濾袋，套在出水口。出水口的部分用聚氯乙烯管延長。

木板檯

若沒有定期保養會腐朽。無論在什麼狀態下都很有情調。照片中的這台幫浦，在木板檯上放著棕刷，有加分效果！

唧筒

幫浦本體也稱為「唧筒」。「32」代表水管粗細，也有「35」大小的。

盛水盤

如果這裡有放置水桶或臉盆，就更對味了！

混凝土基座

這裡面藏著延伸到水源的管線。

水井式幫浦的夥伴

飛龍號／
川本製作所
像這種很巨大的幫浦，只要調節旁邊的硬管並加上軟管，就具有灑水功能。

太陽老虎幫浦／慶和製作所
飛龍和老虎。龍虎雙雙出擊的感覺真好，不過我想他們應該是競爭對手。

連柄幫浦／東邦幫浦
令人懷念的造型，堪稱幫浦界的王道。東邦幫浦出品的才是元祖幫浦。

大黑號
好像有一個姊妹作稱為「弁天號」，不過目前還沒有任何關於它的資訊。

ZO- III 透明樣式／
OKAMOTO 幫浦
因為是要讓兒童接觸學習的設備，所以外殼是可以看見內部的透明材質。

津田式二連 KEBO 號
戰爭時維繫了民眾的生命。在福岡被稱作「幫浦大人」保存至今。

下方球體型
唧筒下方設計成不容易漏水的球體。已經取得專利，但無法判別製造廠商。

翹翹板型幫浦
可以兩個人一起打水，所以不會累。

水 井 式 幫 浦 的 生 態

大家都很珍惜水井式幫浦

左邊照片的右下角,可以看到圓形的混凝土物體,那就是水井的遺跡。右邊的照片當中,雖然已經沒有幫浦,但仍然用水桶汲水。

過年時的裝飾
冬天會用稻草包裹,或者獻上供品。大家都很珍惜水井。

「令人懷念的形狀」是從某間公司開始的

水井式幫浦是過去做飯洗衣和生活的中心,然而,現在卻找不到工作,只剩下部分明星幫浦可以替小巷弄裡的庭園澆澆水、或者當孩子的玩伴。大多數的幫浦都已經失業,過著隱居生活,或是都靜悄悄地留在小巷弄裡,鑄鐵的身軀塗著綠色或藍色的油漆。

這種「令人懷念的水井式幫浦外型」出自於東邦工業株式會社,該公司把以前的木柄,換成一體成型的鑄鐵,就是這類幫浦成形的開端,這就是所謂的連柄型幫浦,當其他公司也開始仿效,這種造型就成了標準款。從此,東邦工業株式會社所生產的幫浦,也可以用其他公司生產的零件替換了。

水井式幫浦不只令人懷念,因為不需要電力,所以遇上天災時也能發揮功用。阪神大地震時,人們重新審視它的功用,之後就把水井式幫浦當作公共設施,開始重新設置。近幾年新設置的水井式幫浦和一直以來支撐著人們與生活、充滿親切感的老幫浦,今後也將永永遠遠留傳下去。

商標

水井式幫浦的商標眾多，也有模仿（模具）原創商標進行鑄造的情形，也就是盜版貨。日本全國各地的鑄造所，誕生無數的水井式幫浦，有多少種類就有多少商標。小型鑄造所早就已經煙消雲散，所以留下很多製造商不明的幫浦。對水井迷來說，數之不盡的商標會令人燃起收集的慾望，因為不知道究竟有多少，所以永遠沒有盡頭。

川本幫浦。「川本製作所」創立於名古屋市中區大池町，巧妙利用川字設計的商標。

慶和製作所，這是很常見的標誌。可能是商標製作得不夠精良，所以很容易變舊。

歷史悠久的東邦工業。「TB標誌」是東邦的登陸商標。

村井產業製的「KANEYO」。明明是主流商品，卻是走過許多地方，才好不容易才發現的。

尋找水井的樂趣

富有地域性

看到水井式幫浦，應該會湧現些許類似鄉愁的感覺吧！從電視劇到電影畫面中的一隅、卡通場景，水井式幫浦都被當作勾起人們懷舊情感的道具。只要注意過一次，就會經常看到它。這樣的水井式幫浦，事實上至今仍在日本，甚至是東京都會區都留下不少。

這是文京區的水井式幫浦，就算變得破舊也仍然很有存在感。

一定會是一場大冒險，走進巷弄尋找水井式幫浦吧！

都會區也有很多宛如時間靜止的空間，水井式幫浦也像是被遺留在那裡一樣。闖進沒有人知道的小巷弄裡、詢問當地居民，就像在真實的城鎮玩 RPG 遊戲一樣。

尋找水井時，如果發現街角就拐彎進去，找到小巷弄之後慢慢走向灰灰暗暗的地方，用皮膚感受濕度……這些都是基礎技巧。雖說是小巷弄，但也不是什麼特殊的地點，所以隨處都

有。就算是在東京，只要從大馬路拐個兩次彎，就馬上可以發現小巷弄，在這種地方，每走一步都像倒退一年，有一種時空旅行的不可思議感。

偶爾會出現令人心頭一驚的水井。左邊的照片是在雜司谷找到，堆滿石頭的水井。

沒想到，竟然在大馬路上也能看見幫浦！

就像右邊的照片一樣，也會有在公車站牌旁突然出現的情形。有時候覺得這裡應該會有，但是卻沒看到，覺得這裡不可能會有的時候，偏偏又出現了，這一點也是尋找水井的魅力之一。

在新宿區的主幹線道路上發現的水井式幫浦。

我愛水井式幫浦！春夏秋冬、天雨陰晴、晨午夜晚皆美

說到觀察水井式幫浦的魅力，我認為是「與周遭風景的融合與調合」。

東京很少積雪，窸窸窣窣降下的雪花，遮蔽柏油路面和聳立的高樓層建築。在雪景背後，漸漸浮現老東京的街道樣貌。要經常注意隔天氣象，才能品味水井帶來的風情絕佳感動。

秋季則是楓葉和爽朗晴空、拉得長長的影子。秋日太陽西下時，小巷弄裡就照不到陽光了。佇立在恍惚光線中的水井式幫浦，尤其在周圍充滿或紅或黃的楓葉時更是美不勝收。

春季搭配花朵。水井式幫浦和水的關係密切，所以和花朵也很搭，柔嫩的花瓣和鑄鐵的身軀，雙方的對比，可以說更加襯托出美感。找出能和花朵搭配的角度攝影吧！

夏季有陽光和水，個人認為這是最適合水井式幫浦的季節。鑄鐵的身軀在夏日豔陽下，被曬得油亮，更彰顯自己的存在感。

使用壓下手壓柄後冒出的井水洗臉，那種感覺令人難以言喻。在東京都會區也有少數可供飲用的井水，如果巧遇這種水井，就把井水含在口中好好品嚐吧！想必你會感覺到雖然東京已經鋪滿柏油，但地底下還是連接著大自然啊！

照片中的水井位於東京豐島區雜司谷，離池袋車站不到 1km，就有可以飲用的井水喔！

被人們推測出來的界線

石川切

文字・照片

1　常設式與暫設式

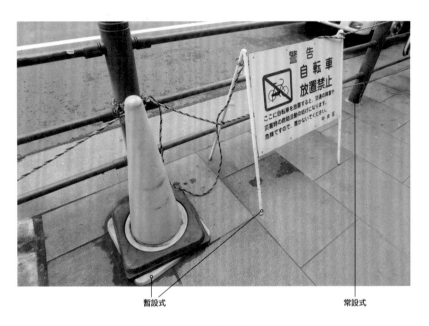

暫設式　　　　　　　　　　　　　　　常設式

街道上，有可動與不可動的物品。

街道上放置著各式各樣的物品。儘管大小、材質各異，但都被賦予傳遞某些意圖的任務。想要正確解讀每一個物品所表現的意圖很困難，但從其樣貌，就能推測出端倪。比如，常設式與暫設式就是其中一個界線，若物品一直存在於某處，這種就屬於常設物品；而暫時放置，預計任務結束就會撤走的，就屬於暫設物品，也就是說，常設式與暫設式，代表了放置的人給予這項物品壽命長短的差異。

常設式與暫設式的材質

常設物品通常用鐵或混凝土製作，非常堅固；暫設的物品多是塑膠或布製，重量較輕。

擴張「私領域」的暫設物品

道路上放置的看板，大多數是暫設物品。因為是暫設，所以也顯示隨意占領街道的情況只是暫時。

暫設物品的高度

暫設物品的高度大多在人手可觸碰的範圍內。位置較高的看板或裝置幾乎都是常設物品。街道上的常設與暫設物品的劃分，大概以高度 2m 為界。

告示的射程距離

常設物品會從較遠的距離顯示訊息，而暫設物品普遍是直接出現在人們眼前的看板。常設與暫設也可以從「告示的射程距離」上判別。

　　紅綠燈或電線桿、路標、防護欄等通常都是常設物品。看板或旗幟、紙張等廣告則為暫設物品。常設物品大多是公共財，暫設物品則以私人設置的情形較多。常設物品在工廠製作、用機械設置，而暫設物品大多由纖細的木材或鐵絲、繩索手工固定。街道上的暫設物品，看起來就好像把常設物品無法覆蓋的空間完全填滿一樣，同時也連結了街道和當地生活的人。

2 | 被重力支配的道路

| ↓↓ 是雨水的記號 |
| ～～ 表示水流的樣子 |

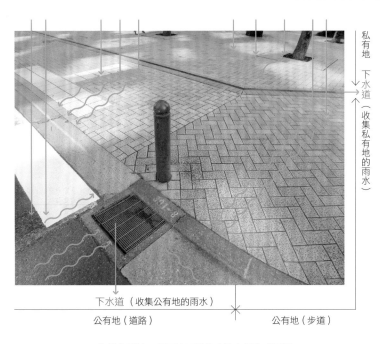

私有地

下水道（收集私有地的雨水）

下水道（收集公有地的雨水）

公有地（道路）　　　　　公有地（步道）

街道的設計，讓雨水不對他人的土地造成困擾

街道的地面，必定屬於某個所有人。每位地面的所有人、管理人都是固定的，地界劃分鮮明也是都市的特徵之一。一旦都市化，土地就會像這樣清楚劃分開來。

劃分地界也有規則，最重要的規則，就是不能任意游走於地界上。如果是用語言能夠溝通的對象，就可以用語言來控制他人不可越界，像「禁止隨意進入」這種看板，就是很典型的例子。不過，除此之外也有無法用語言溝通的對象，比如像是植物。植物總是無視地界，隨心所欲地延展，落葉或花瓣也會隨處飄落。無法溝通的對象，只能靠實質力量來排除，因此，竄到隔壁土地或道路上的樹枝，

越界的植物

超越公有地的界線

無視於土地地界延伸的植物會被修剪。修剪的強度與容許越界的和緩程度，表現出修剪人對地界的意識強弱。

雨水如何流動？

私有地

私有地　　　　公有地

下雨時，雨水會朝地勢比周圍低的排水孔聚集。這個排水孔，宛如研磨缽地形的底部。

魚板狀的地形

附鋪面的土地，皆有設計排出雨水的傾斜度。迅速排水讓地面乾燥，就像沒下過雨一樣，這就是鋪面的使命。道路兩端都有 2% 的傾斜度，所以側面形狀看起來就像魚板一樣。

地震禁止進入

像這樣有金屬製邊框，且範圍廣的加蓋設計，就表示這種建築為避震構造。建築物建在橡膠材質上，加蓋的部分則填滿地基和建築物之間巨大的溝縫。這種情形下的地界線，主要功能不是截斷雨水，而是截斷「地基的震動」。

往往會被剪斷。

最難以溝通的對象是雨水。雨水不會去管那是誰的土地，不過區域內的構造，通常都不會讓降下的雨水往外流，而是在區域內集水，排放至下水道。因此，在地界線上，都會設有能夠容納大量雨水的側溝，以確保在土地範圍內確實收集雨水。水往低處流，所以排水溝和排水孔的高度都比周邊土地來得低，地面也會朝集水方向傾斜。

把臉貼近地面看，就算是再平坦的廣場和道路，都會設計排雨水的傾斜度，因為若路面完全呈現水平，就會積水。在街道中，土地其實就等於是用地界框起來的流域啊！

3 | 成為指標的街頭園藝

行政單位種植的樹木　　　　個人種植的園藝植物

在街道上會看見的植物，可以分成①公園或路樹等公家單位種植的植物、②生活在該土地上的居民，個人種植或裝飾的植物、③隨意生長的雜草等三種。植物的特色是不會勉強融入該地的環境，也就是説，若環境適合就會長得很好，不適合就會漸漸枯萎，或根本一開始就不會發芽。植物是非常依賴環境的。

因此，只要觀察植物的種類和生長的狀態，就可以了解當地的環境條件到一定的程度。會「跨越」溫度、水、土壤狀態等自然環境條件的，通常和人類有關。在乾燥的鋪面上放置盆栽，只要有人定期澆水，植物就能生長。如果有人種植從花店買回來的花朵，那麼該地就會長出不大可能出現的外國植物。

街頭園藝是環境條件與當地居民悉心照料、居民的想法等息息相關，因此往往都能展現當地的特色。

園藝與人之間的距離

在私人店鋪前的步道種植柑橘或枇杷等果樹、花草，幾乎已經變成庭園了。同樣一條路上，在商業大樓前，除了行政單位種植的樹木之外，幾乎沒有別的植物，從這些地方就能了解，使用者對該場所的認知有多少差異。

顯示熱帶植物的象徵

最近經常看到原本應該在屋內的觀葉植物盆栽，整個被搬到屋外，而且通常都是保留完整根莖的熱帶植物。尤其都市因為熱島現象氣溫較高，比起郊外更容易讓熱帶植物度過寒冬。印度橡膠樹和鵝掌藤十分常見。其中，也有已經長得像路樹一樣高大的植物，但觀察其根莖部分，就會發現還連著花盆的殘骸。

耐旱的蘆薈植栽

在路上分布最廣的植栽，應該是蘆薈吧！因為具有藥效，所以是「有用」植物，同時也很耐旱，所以幾乎大街小巷都會看到，十分普及。

與人類訂定之「界線」的關係

沒有用地界和路緣石等物品明示界線時，在住宅周圍放置花盆或椅子，就形成居民對區域界線的意識。越靠近住宅，物品的密度越高，這也反映出對界線意識的強度。

街頭園藝

村田彩子
（街頭園藝學會）

文字・照片

車道旁的植栽，堂堂正正占據場地進行園藝活動。種植的人似乎是一位歐吉桑，也是這條街旁建築物的主人。

在路上經常出現的蘆薈，因為生命力強，所以一不小心就會長成怪物。這應該是從隨意放在路邊的盆栽開始長，最後長成現在的樣子。

盆栽並排在道路兩端的狹小空間。植物們在有別於原生地的嚴酷環境中，努力紮根、開枝散葉。「街頭園藝」就像縫補住宅和街區的縫隙一樣，是生命力頑強的街角園藝活動。在有限空間裡栽培的植物，不只可以看出主人的用心，還可以窺見種植者的個性與性格、嗜好取向。在公共空間裡流露出人情味的私人空間，總是令人情不自禁地會心一笑。

或許，剛開始只是把在附近花店或花市買來的盆栽，放個 2、3 盆在玄關前而已。之後，在蒔花弄草的強烈慾望和種植的技能、當地氣候與植物自身的生命力等因素交互影響下，植栽堂堂正正地進入住宅前的道路或電線桿、車道兩側等公共空間，開始庭園種植的活動。

有時，也會偶然看到種植者和鄰居圍著盆栽聊起植物的生長情形。實際上詢問這些人，就會發現有些是要搬家的人，把盆栽託付給附近的街頭園藝家，也有些人會和鄰居交換扦插樹枝或苗種，就像這樣，街頭園藝也可

偶爾也有一些花盆上會寫著筆記。不知道是不是因為主人以前修剪太隨意，所以失敗了呢？還是要吸引路人的目光呢？

被繩索綑綁的植物。因為是在有限的空間中進行園藝活動，所以必須要顧慮左鄰右舍。不過，綑綁的背後，也令人感覺到這就像是具有目的性的戀物情結。

植物的藤蔓和門把連在一起，漸漸變成一道打不開的門。這就是太過溺愛植物，導致種植者生活不便的經典案例。

為充滿植物的空間，增添一些層次感和故事性的裝飾品，在街道上往往會讓故事主角和世界觀變得混淆。而且，總是很難湊齊七位小矮人啊！

被當成支柱的免洗筷，使盡全力插進花盆，看起來就好像某種咒術一樣。

以說是與鄰居交流的媒介。

偶爾也會看到生長得太茂盛，植物宛如熱帶叢林一樣竄出，出入口完全被堵塞的住宅，根本就是主從相反的狀態，就好像主人已經不再是人類，而是被植物取代的感覺。每次看到衝破花盆、在地面紮根，宛如妖怪吞噬周邊土地的植物，我就會擅自想像這些傢伙在半夜出動，徘徊在街頭，總有一天會占領整個街道，令人感覺到不寒而慄的魄力啊！

像這種人類和植物之間靜悄悄的攻防戰，也是觀察街頭園藝的醍醐味之一。

就算在建築物叢生的大都會中，只要一腳踏入小巷弄，就會發現隱藏其中的茂密街頭園藝隨處可見。無論再怎麼整頓或加強硬體建設，也不能抵擋人類蒔花弄草的慾望，以及植物不可預測的生命力互相交織出的光景，那就是能為街角帶來些許不同的辛香料啊！

旗幟底座

在商店外經常會看到，支撐旗幟的底座，稱為廣告旗幟底座或者插旗座，在這一章節我們就把它稱為「旗幟底座」吧！這些底座大多是可以在裡面加水的樣式。

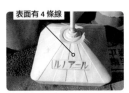
表面有 4 條線

大插旗座／nichikan
裡面有 18kg 的水，所以就算強風來襲也不容易倒。特徵是表面有 4 條線。

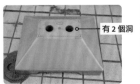
有 2 個洞

混凝土插旗座
裡面已經事先填入混凝土。重量達 21kg 所以非常穩，但要移動就有點麻煩了。

有圓筒狀的凹孔

注水式旗座 10kg ／ just 集團
看起來有點像人的臉，很可愛。加滿水也只有 10kg，所以風大的時候要多加注意。

半球型

半球座（圓圓君）
各公司都以不同名稱販售，但叫「圓圓君」最可愛。據說是為了分散強風而設計的造型。

寫著 α 的商標

原創注水式旗座／ α
α 是專門經營 POP 廣告的集團，該公司自製的旗座。側面寫有 α 的商標。

從任何角度看都是四角形

陽傘旗座
在金字塔形較多的旗幟底座中較為稀有的長方體樣式。產品名稱和「旗幟陽傘座」很像。

稍為成圓弧狀

旗幟陽傘座／笹川
有點膨脹的正方形，造型非常獨特。

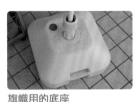

旗幟用的底座
這應該是最普通的旗幟底座。金字塔基底削去頂端，注水式的底座還附有手把，是聚乙烯材質，非常普通。

腳可以伸長
登登登登～

注水型插旗座／第一塑膠
這傢伙的特徵是可以伸出藏在四個角落裡的腳。靠這些腳固定比較不容易傾倒，是非常孤傲的變形款式。

圖 解 旗 幟 底 座

各 部 位 名 稱 與 功 能

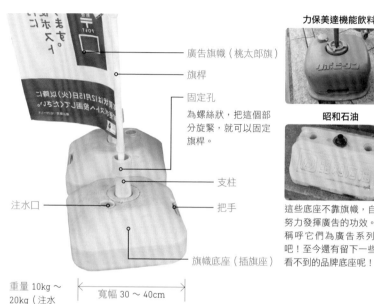

廣告旗幟（桃太郎旗）

旗桿

固定孔

為螺絲狀，把這個部分旋緊，就可以固定旗桿。

支柱

注水口

把手

旗幟底座（插旗座）

重量 10kg ～ 20kg（注水時的重量）

寬幅 30 ～ 40cm

力保美達機能飲料

昭和石油

這些底座不靠旗幟，自己也努力發揮廣告的功效。暫且稱呼它們為廣告系列底座吧！至今還有留下一些已經看不到的品牌底座呢！

從不彰顯自己，只是一心支持著旗幟

旗幟底座的使命，就是支撐廣告旗，絕對不會張顯自己的存在。顏色大多是白色、灰色或藍色，再怎麼搞錯也不會用紅色等華麗的顏色。而且商品名稱幾乎都像「注水式旗座10kg」一樣，沒有獨特的性格，就連名稱，都像是單純的商品介紹。如果要比喻的話，應該就像給孩子取名為「雙足步行生物 3kg」一樣啊！

不過，這樣也好，POP 廣告應該彰顯的不是底座，而是商品啊！這一點，它倒是分得很清楚。無論是颱風還是下雪的日子，它也只想著千萬不能讓旗幟倒下，這就是旗幟底座啊！

旗幟底座入門

伊藤健史
文字・照片

店門口放著「供應午餐」或者「中華涼麵開賣囉！」等友善的廣告設計，可以舒緩我這種膽小鬼的心理障礙，看著這些廣告旗幟，不知道為什麼就覺得一個人進去也沒關係。不，應該是說如果沒有旗幟大人的引導，我現在可能早就已經餓死了。

這些廣告旗的腳下，有著穩穩紮根在地面、支撐旗幟的底座。一般來說這些底座被稱為插旗座或注水台，仔細觀察就會發現它們有的很有喜感非常可愛、有的很穩重，生態非常多樣。雖然一眼就能看到旗幟，但底座也很值得欣賞，應該要有更多人觀賞才對。

材質・設計

旗幟底座無論顏色、形狀都大不相同，但是大至上可以用材質來分類。

樹脂製

使用聚乙烯等塑膠材質製作的水箱，因為其輕巧的重量和低廉的價格，爆發性地普及開來，現在街角發現最多的底座，都是這個材質。

從上面看起來，你看，就像是在說：你有什麼意見嗎？

不鏽鋼製

材質本身不需要又重又厚，所以纖細的外型很多。經年累月產生的鏽蝕，別有一番風情，彷彿可以感覺到那裡散發出十九世紀初的時尚韻味。

表面刻有數字，是可以當成日晷的產品，但現在卻一直被放在日蔭底下。

混凝土製

厚實的重量感十分可靠。發揮材質特色的樸實設計，乍看之下每個都一樣，但仔細觀察就會發現微妙的差異。我希望大家也能像喜愛茶具一樣，找出它的樸質靜謐的風情。

越髒的底座，越有味道。連青苔都長出來了呢！

底座風景

旗幟底座不插旗，大量堆疊在一起、或被當作其他用途使用，有時反而增強了它的存在感。這樣的底座交織而成的景觀，就是「底座風景」。

因為堆疊得很高，看起來就像是一個巨大的旗幟底座。

就好像從以前就佇立在那裡的古塔，具有令人情不自禁想朝拜的高貴感。

潛藏在草叢中的游擊部隊。

摧毀

旗幟底座活躍於街頭，那是非常艱險的環境。許多底座因為雨水而劣化，最後遭受悲慘損壞的命運。就算一塊一塊碎裂，仍然繼續被使用，就這樣放在路邊的樣子，令人不禁感到哀愁。

從塑膠材質變成石材，看得出來材質正在轉變。

旗桿洞裡面好像有什麼東西

底座中間有插旗用的孔洞，旗桿洞（我擅自命名）非常深邃。這裡偶爾會出現不速之客。當然，這是不對的行為，但是我還是想說：「我很了解想把東西塞進去的心情……」

薑黃活力飲的瓶子，大小也太剛好了吧！

這就是底座上的園藝風景。

就像洗衣店裡的衣架或無主腳踏車一樣，旗幟底座也是「會莫名其妙增加的東西」，在我們的生活中有著強烈的存在感。

它們是怎麼經過增加、過剩、碎裂等過程的呢？在資本主義經濟成熟的現代社會，當務之急就是了解底座的生活史，絕對沒錯。

找出有廠商或產品商表的原創款式吧！

還殘存在洗衣店裡的富士軟片公司底座。

力保美達機能飲料，也有像富士軟片那樣半球狀的底座。

以前有沖洗底片服務的洗衣店等地，常常會看到富士軟片的底座，但最近在藥妝店入口，力保美達機能飲料的藍色底座，數量壓倒性地多。從這種地方也可以看出街道的轉變，十分有趣。

街角的視線盡頭

把視線往上移一點吧！在眼睛的高度或者更上方，能看到什麼呢？馬上映入眼簾的，大多是紅綠燈、標誌、路燈、電線桿之類的東西。又巨大又堅固，而且通常是公有財產。

大部分的情形是越高的東西就越大，就像在山上的好萊塢看板和京都的大文字燒都很巨大一樣，希望大家遠遠地就能看到，所以在高處放著龐大的標誌。

譬如，道路的標誌（左下角照片），雖然是大家已經看習慣的尺寸，不過比較下方行經的白色卡車就能發現標誌比卡車還大。就連車用的紅綠燈，每一個圓形號誌都比籃球還大呢！

支撐標誌的支柱和固定橫向延伸硬管的部分也非常堅固（右下角照片）。在高處的物品，一旦掉落就慘了，因此，都做得很堅固而且安全，但再怎麼樣也不會用封箱膠帶固定。

不易損壞這點非常重要，在街道上的東西如果壞掉還能修理，但位於高處的物品可不能說換就換。不需要照顧也能使用數年，這一點十分重要。

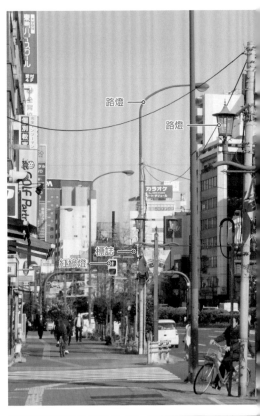

路燈

路燈

標誌

紅綠燈

而且，這也不是任何人都能隨便設置的東西，紅綠燈旁邊絕對不可能放著看板，讓店員手寫廣告詞，在空中的範圍裡，絲毫沒有「私人」可以趁機而入的空間。

把視線往下降，觀察和眼睛相同高度的範圍，這裡也有很多物品。

郵筒因為要給人投遞信件，所以高度在胸口的位置。其它的物品，大概也都因為類似的理由決定高度。像是送水口的高度，大概在消防員的腰部；磚牆也做成人無法跨越的高度。

每項物品都是需要長時間在屋外使用，所以通常採耐雨打、風吹、火燒的材質，絕對找不到柔軟，一折就斷的東西。

設置的單位也各有不同。像郵筒本來就是公家機關設置。而送水口則由建築物的所有人，也就是民間單位設置。至於砌築磚牆，就屬於私領域了。不過，因為這些物品都跟人的身高差不多，所以會出現擅自在磚牆旁棄置垃圾、在送水口貼貼紙、在牆壁上寫一些不明所以的文字等現象。

在街角的視線盡頭，呈現這樣的景色——每項物品既堅固又巨大，但也會有一些人類搗亂的痕跡。

那麼接下來，我們就來看看具體的例子吧！

紅綠燈

標誌

配電箱

電線桿的生態系

　　電線桿周遭亂七八糟地纏繞著各種物品，這些東西，為什麼會在那裡呢？
挑選一個東京都內的電線桿，從腳底依序往上看看吧！

從腳底到比頭頂高一點的地方

看看電線桿的腳邊，就會
發現上面直接寫著「細
15」。這表示「細徑柱」
和「高15m」的意思。電
線桿有分最粗的一般柱、
稍微細一點的細徑柱以及
更細的小柱。

高度4～5m左右的範圍，
一起設有交通標誌和路燈、
廣告看板。仔細看就會發
現上面也寫著路燈的編號。
真是守規矩。

分接器內部就是這樣的構造。偶然在施工時路過，才有機會看到內部。

被通訊線包圍的黑色盒子稱為分接器，可以在盒子內連結或分接迴路。這是昭電公司的「SCL-ASC」，是光纖用的分接盒。

也有像隔壁電線桿的這種分接器。這應該是昭電公司的「SD-BC-2」，也是光纖用的分接盒。

路燈上方有許多黑色線路，這些都是通訊線。電話線或有線電視用的纜線、光纖等全部都聚在一起。每一條線各是什麼作用，只要看掛在上面的牌子就知道了。有線電視公司或NTT等各種企業都會在這裡拉通訊線。

KDDI
這是 KDDI 公司的牌子，應該是光纖的吧！

螺旋支架
有螺旋纏繞結構的金屬零件稱為螺旋支架，可以支撐整束的纜線。

高度 10m 以上

電線桿最上方，剛好位於 15m 的電線就是高壓電線。在這裡流動的高壓電流達 6600V，如果觸碰到非常危險。所以，高壓電線都設在這麼高的地方。

發電廠剛送出的電壓，最高可以達到 50 萬伏特，送到這裡之前，經過幾個變電所，漸漸讓電壓下降，直到進入一般家庭之後才終於變成 100V。

為支撐高壓電線等纜線的橫向支架，有一固定架。下方連接著高壓電線的盒子是開閉器，在發生事故或需要施工時，可切斷電源。

高壓電線

絕緣子

固定架

開閉器

從正下方看開閉器，就像這樣子，寫著「開」和「關」，怎麼看都是個開關啊！ 300 表示可以負荷 300A 的電流。電壓越大越難截斷電流，所以開關才會變得這麼大。所以要是去發電所，就能看到像怪物一樣大的開閉器。

通訊線上，高度約 10m 的地方有個凹凹凸凸的東西，那是電線桿上的變壓器。

仔細一看，就會發現上面寫著「50」、「6600V」。電線桿最高處的高壓線為 6600V，變壓器的功能就是把高壓電轉成家庭用的 100V。50（kVA）表示變壓器的容量，大變壓器才能應付高壓電的高電流。周圍凹凹凸凸的東西是散熱板。內部絕緣用的油脂，有可能因高溫起火，所以必須讓整體保持冷卻狀態。

低壓線

從電線桿上的變壓器延伸出去的電線，稱為低壓線。這裡的電流是 100V，會在中途分出支線送電到一般家庭中。

開閉器

高壓線

固定架

變壓器

低壓線

通信線

分接器

螺旋支架

路燈

廣告

交通標誌

大和 89

細 15

把前面的內容都整合起來就像照片所顯示的一樣，如此一來就能了解，一支電線桿，聚集標誌和路燈、通訊線和電線等，各種不同的公共建設。

各種設施

插在地面上黃色的斜線，稱為支線，是支撐對面電線桿重量的線。這條支線所連結的電線桿，支撐著通訊線，所以稱為電訊桿。

在支撐通訊線的電線桿上，可能會寫著通訊公司的電線桿編號。照片中的例子是NTT東日本在平成19年設置的電線桿，從牌子上的內容就可以知道，這是從巢鴨橋支線的第2支電線桿向右轉後的第6支。

電線地下化的設施

在道路兩旁非常突兀的箱子，稱為配電箱。這是讓電線地下化的重要場所，可以在這裡分接電線。

配電箱也有很多種類。外殼有PT字樣的配電箱，走到背面看通常都會有通風孔。

裡面有變壓器，所以需要散熱。寫有LS或HS字樣的，分別是用在低壓電、高壓電分接時的變壓器。

雖然是必需品，但還是必須保持距離

電線桿和各種物品連接在一起，牽連眾多線路，所以乍看之下很混亂，然而事實卻非如此。所有物品都依照規則，整齊地配置，而且還分別標有自己的名字。因此，觀察電線桿時，最好攜帶望遠鏡或有變焦鏡頭的相機，只要能夠讀取10m高的文字，就可以獲得很多訊息了。

電力是生活的必需品，但同時也很危險，絕對不能存在於人類活動的範圍和高度內，因此，有些地方選擇架高，有些地方則地下化，藉此閃避人群。電線地下化和電線桿上架線，本質相同，根據每個地點的條件不同，選擇最佳的方式即可。

紅 綠 燈

　　告訴我們現在能不能過馬路，指示人該往哪裡走，為了不讓人誤解、能清楚判讀，設計上必須下工夫。

行人專用交通號誌
位於斑馬線的兩端。也有像照片這樣，把剩餘時間用直條圖樣顯示。

車用交通號誌
車輛用。箭頭的部分稱為箭頭式交通號誌，和一般的綠燈不同，只能朝箭頭所指的方向前進。黃色箭頭號誌為路面電車專用。

縱向交通號誌
這是較不容易積雪的縱向號誌，在降雪多的地區經常會見到。不過，最近也出現體形較薄等可以應付積雪問題的橫向號誌（照片：磯部祥行）。

附背板的交通號誌
遮蔽日光，讓人更容易判別紅綠燈號。現在的交通號誌，幾乎都很容易判讀，所以幾乎看不到這種紅綠燈了。（照片：磯部祥行）

防止誤判型號誌
限制可視角度，是只有在正面時才能看到燈號的樣式。可以防止看成隔壁或後面的燈號，誤以為是綠燈而前進的情形。

單燈閃爍號誌
出現在交通量少的路口。主幹道的方向閃黃燈，其他方向則閃紅燈。無論是那一個都要小心前進。

腳踏車專用號誌
在行人無法橫越的路口，偶爾會看到這種號誌。通常出現在交通量大且馬路寬敞、步行跨越會很危險等地區。

燈泡式號誌
在都市已經是很稀有的非 LED 號誌。光線不只在視覺上令人感到溫暖，實際上體感溫度的確也很溫暖。

按鈕式號誌
出現在車輛多、行人少的道路上。車輛行進的路線基本上都是綠燈，按下按鈕之後，行人前進的方向才會轉成綠燈。這個按鈕盒，怎麼看都像一張「臉」。

音樂式號誌
為視障者把號誌轉成聲音的樣式。路燈的時候會嗶嗶響，紅燈時會播放音樂。

紅綠燈的夥伴們

圖 解 紅 綠 燈

各部位名稱與功能

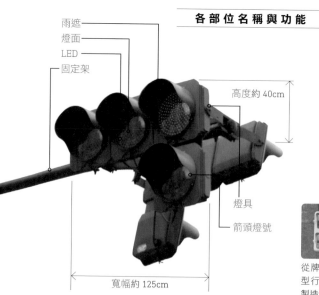

雨遮
燈面
LED
固定架

高度約 40cm

燈具

箭頭燈號

寬幅約 125cm

紅綠燈總是在高處所以很難觸及，其實尺寸遠比大家想像的還大。綠色和紅色的燈面直徑約為 30cm，比籃球還大。材質使用鋁合金等金屬。

背面貼著寫有明細的牌子，可以知道號誌的正式名稱和製造廠商等資訊。

從牌子就可以知道正式名稱為「U型行人專用交通號誌（LED）」，製造廠商為星和電機。

紅 綠 燈 的 生 態

紅綠燈通常都是兩個人一組

像刑警一樣背靠背，對周圍保持警戒的範例。

行人號誌對著彼此的側向，這種情形很常見，還自以為是藝術家呢！

他們通常都有睥睨人群的習慣。
照片裡的例子也可以看出，連接在支架上的零件稍微往下轉。
不過，他們實際上是為了要讓人更好辨認號誌，所以才刻意低頭的。其實，都是好孩子啊！

交通的開關——紅綠燈

遵守號誌前進，有時候會覺得自己就像電流一樣，紅燈表示關，綠燈表示開。人和車輛的流動，如果用快轉畫面來看，大家的確是很像電流一樣被紅綠燈控制呢！

之所以需要開關，是因為道路這條迴路是平面的，為了不讓兩條路撞在一起，必須要用時間差隔開。有時候我會擅自想像，要是所有的道路都呈現立體交叉就好了，不過，那是不可能的，所以就讓紅綠燈控制吧！身為在道路流動的一顆電子，我由衷地這麼想。

道 路 標 誌

位於道路兩旁或空中高處，告訴大家應該前進的方向、指示行動。每條道路上的規則，都因為有標誌才會清楚地被看見。

道路標誌的種類

指引標誌
告訴大家接下來的路通往哪裡、現在位於何處等資訊。大多為藍色，高速公路上的標誌則為綠色。

警戒標誌
告知接下來的路段危險，會有小鹿跳躍、車子打滑等圖案。皆為黃色。

指示標誌
告訴我們這裡是什麼樣的場所、可以做哪些事情。比如，這裡行人穿越道、可以停車等等。就像溫柔的大姊姊一樣。大多為藍色。

輔助標誌（下方的標誌）
附屬於其他標誌，會告訴我們更多資訊。像是「到此為止」、「機車除外」等標誌。大多為白色。

設置方式的種類

道路兩側型
立在道路兩側的型式。揭示該場地需要立刻傳達的資訊，比如禁止車輛進入等等。

單向型：逆 L 型
單向型經常用在多車道的道路上，將道路指引置於高空。或許不會馬上用到，但可以提供稍遠距離的地點資訊。

單向型：F 型
同時揭示幾種標誌或者指引資訊板較重的時候，會有兩支支架，形成 F 字樣。

單向型：錐子型
錐子型是越靠前端越尖的支柱，幾乎和 L 型一模一樣。

拱門型（高空拱門式）
高空拱門這個名字聽起來很帥氣，但因為資訊過多，一瞬間會感到很困惑，我很羨慕看到這種拱門也不會慌張的駕駛。

添架型：電線桿型
沒有專用的標誌柱，而是寄生在某些東西上面。像這種寄生在電線桿的樣式很常見。

添架型：紅綠燈型
在紅綠燈上順便加上標誌的樣式。

遮雨棚支柱型
寄生在商店街的遮雨棚支柱上，這就是緊急時善用鄰居的精神。

標誌的夥伴們

圖 解 標 誌

各 部 位 名 稱 與 功 能

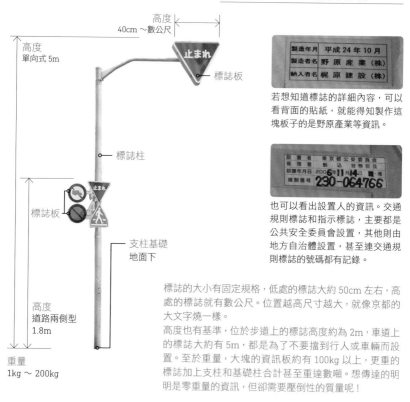

若想知道標誌的詳細內容,可以看背面的貼紙,就能得知製作這塊板子的是野原產業等資訊。

也可以看出設置人的資訊。交通規則標誌和指示標誌,主要都是公共安全委員會設置,其他則由地方自治體設置,甚至連交通規則標誌的號碼都有記錄。

標誌的大小有固定規格,低處的標誌大約 50cm 左右,高處的標誌就有數公尺。位置越高尺寸越大,就像京都的大文字燒一樣。

高度也有基準,位於步道上的標誌高度約為 2m,車道上的標誌大約有 5m,都是為了不要擋到行人或車輛而設置。至於重量,大塊的資訊板約有 100kg 以上,更重的標誌加上支柱和基礎柱合計甚至重達數噸。想傳達的明明是零重量的資訊,但卻需要壓倒性的質量呢!

將規則實體化的標誌

標誌傳遞資訊,而且是關乎安全與危險的重要資訊,因此,全日本都統一使用設計簡單明瞭的標誌系統,絕對不會像廁所的圖形指示,每個百貨公司都不一樣。

標誌也是將規則實體化的方式,決定某條道路為單行道,只有在那裡設置標誌,規則才會實體化並且生效。標誌,或許就像是讓道路這個基礎建設能夠動起來的程式吧!

標誌的生態

有單獨、也有群體出現的時候

單獨

群體

一到晚上就……

老化現象

長時間工作的結果就是會像這樣褪色。交通標誌曾經引以為傲的豔麗紅色，現在就像長了白頭髮一樣。它一定想著：接下來就拜託年輕的鮮豔黃色警戒標誌了。

受傷

偏偏就是會有車子撞到車輛禁止進入的標誌。標誌本人一定也嚇了一大跳吧！標誌也是努力用自己的身體在工作啊！

它們一到晚上就像貓眼一樣，會折射光線，尤其擅長再現性反射。另外，也有不是反射光線，而是自己發光的樣式，這是一種非常特殊的能力。

路 燈

　　照亮街道的路燈，即便到了夜晚，人們也能安全走在步道上，車輛也能
安全行駛。主要由地方自治體設置，商店街也會自己訂購特殊的設計。

步道燈
常見的款式。光線往橫向
擴散，刻意設計讓燈具間
隔可以拉長。設置在 5m
高的位置上。

腳邊燈

裸燈泡
燈泡上加傘狀燈具的簡單
樣式。若和木製電線桿一
起出現就更美了，但現在
幾乎看不到這種樣式了。

路燈
照亮車道。比步道燈更
高，亮度也更亮。為了不
遮蔽駕駛人的視線，刻意
讓光線不往水平方向照謝
擴散。

螢光燈
簡樸的樣式。快要熄滅的
螢光燈，就像在喘氣一
樣，令人不禁想替它加油
打氣。

商店街樣式
商店街通常會統一使用自
己的設計燈，像是懷舊風
格、或是搭配當地風格的
路燈。

混合發電型／中西金屬工業
以太陽能和風力發電，送
出光源，是可以自食其力
的樣式。發電設備十分優
秀，路燈看起來就像是附
屬品一樣。也有一些可以
讓手機充電的樣式。

幽浮飛船型式
有些設置在車站前等場所
的大型支架上。比起單純
的照明功能，看起來更像
是讓大家休憩場所。

路 燈 的 圖 解 和 生 態

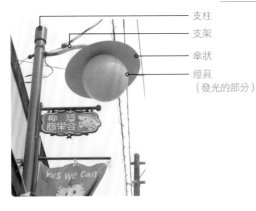

- 支柱
- 支架
- 傘狀
- 燈具（發光的部分）

各 部 位 名 稱 與 功 能

高度約 5m（步道燈）～
約 10m（路燈）

燈光的主角是 LED，壽命長達 10 年以上。螢光燈或燈泡艱難地殘存在狹小的道路上。

肉眼直視光線會太刺眼，所以路燈都設置在比人高很多的地方。

車道上的路燈，為了不和車輛相撞，都設置在更高的地方。

燈具有鋁合金等材質。為了不影響人們觀賞星空，設計時也盡量抑止光線向上擴散。

夜行性，路燈活動時間都在晚上

白天不起眼的路燈，到了晚上就生龍活虎。很稀少的瓦斯燈，現在已經變成最佳主角了。

夜晚的燈光，不只是照亮道路而已，還有打造特殊氛圍的功能。傳達夜晚澄澈的空氣、讓祭典更多采多姿。路燈，襯托了整個街道的美感。

交通量少的道路，大多只在單側設置路燈。光線通常不是向下，而是稍微斜射，可以從正下方照亮到另一側的道路。

守護夜晚的安全，也是氣氛營造師

之所以需要路燈，是因為晚上人們仍然會在街道上活動。夜晚街道陰暗，對行人而言很不方便，所以藉由設置路燈來解決這個問題。設置路燈時，為了讓路燈的間隔拉長，會盡量讓光線向旁邊延伸。話雖如此，也不能讓駕駛人覺得刺眼，所以光線不能直射兩旁，需要花心思設計。

除此之外，路燈具有打造夜間景觀的功能。在橋上設置腳邊燈，不只有安全功能，也美麗地照亮橋的整體構造。溫泉街上仿製石燈籠的路燈，也有加強旅行氛圍的功能吧！路燈，不只守護夜晚的安全，也是氣氛營造大師。

轉角鏡

出現在十字路口的一隅、急轉彎的途中等地點，告訴車輛或行人，接下來視線不佳的道路是往右或往左彎。

圓形
常見的樣式。因為呈現圓形，所以能夠完整呈現周邊狀況。像照片中的轉角鏡稱為單面鏡。

四角形
也有四角形的樣式。可映照長方形對角線方向的狹長道路，遠處也清晰可見。

彎曲支柱
為了不擋到車輛，所以將上半身折彎的樣式。照片中的轉角鏡，應該是因為背後已經沒有空間，只好把支柱設在車道邊緣。

雙面鏡
一個支柱上有雙面轉角鏡的樣式，可以同時掌握兩個方向的狀況，十分方便。

三面鏡
偶爾也會有三面轉角鏡的樣式。可以一次掌握三個方向的狀況，對聖德太子來說很方便。（譯註：傳說中聖德太子可同時聽多人說話，是個眼觀四面耳聽八方的天才。）

設置於電線桿型
也有寄生在電線桿上的樣式。電線桿高三公尺左右的位置，是轉角鏡、標誌、廣告等物品群聚的生態圈。

圖 解 轉 角 鏡

正式名稱為道路反射鏡。一般由支柱和五金零件固定，但也有寄生在電線桿或擋土牆上的樣式。

高度約 3m

雨遮

反射鏡

寬幅 60cm ～ 100cm

支柱

注意標誌

名牌

反射鏡的材質：
不鏽鋼、壓克力、強化玻璃等

支柱上大多寫著「注意」兩個字。應該是為了提醒用路人不要撞到轉角鏡，但和巨大的轉角鏡相比，注意標誌非常小，很難引人注意。標誌下方貼有設置者和轉角鏡編號等資訊的名牌。若有發生轉角鏡損壞等情形，為了方便通報，上頭也有聯絡方式。

繞到背面就會看到寫有製造者和材質等詳細內容的「零件材料品質標示」。但由於高度約在三公尺處，所以一般情形下很難看到。請用變焦鏡頭的相機觀察吧！

正面標有「R=2200」等標記時，表示轉角鏡的形狀是從半徑2.2m 的球面切下一部分而成。這個樣式，面積大、變形量小，很方便觀看。另外，鏡體本身越大，當然就越容易看。

轉 角 鏡 的 生 態

並非只出現在轉角

在十字路口出現一個

並排在十字路口

十字路口只有設置一個轉角鏡時，大多都會設在駕駛人比較方便觀看的左側。另外，也有設置在路口兩側的情形。T字路口則是在主要道路的盡頭，設置雙面鏡的情形較多。

T 字路口

該說它想引人注意，還是很謹慎呢？

它們基本上都待在道路的一隅。就像彎曲的支柱一樣，把自己的身體往內縮，盡量不影響到別人，個性十分謹慎。

本來就已經位於道路外側，還讓自己的身體向內縮，個性多麼謹慎啊！它應該也知道自己的臉（鏡子）有點大，說不定暗自希望自己天生小臉呢！

轉角鏡的存在，本來就能告訴我們路況。像這種情形，很難注意到右側有道路匯合，不過因為左側有轉角鏡，馬上就能夠發現。

坡道的途中
轉角鏡也反映了地形情況。在陡坡途中出現的雙面鏡，各自的傾斜角度略有不同。

面向上坡的轉角鏡　　**面向下坡的轉角鏡**
其實只是非常微妙的差異，面向下坡的轉角鏡通常都會更往下傾斜一點。鏡子本來就反映了道路的地面狀況，所以自然會朝地面傾斜。這個傾斜角度，當然也會受到地面本身的傾斜角度影響。這些狀況其實和紅綠燈或標誌很像。紅綠燈一般都會稍微向下傾斜，若位於斜坡下方，則為微微向上傾斜，讓上坡處的用路人也能清楚看見。

個性很謹慎，但服裝總是很華麗

總而言之，轉角鏡個性謹慎，是貫徹輔佐功能的存在，在不需要設置紅綠燈的十字路口，就能發揮其功能，除此之外，它們也有視覺上的輔佐功能。轉角鏡並非映照所有道路的狀況，而是限定在死角上，因此，轉角鏡是以肉眼確認為原則，當作輔佐功能使用，而且，還要注意自己不可成為道路的阻礙，性格真的非常謹慎。

有趣的是，它又很希望吸引人們注意，貼著寫有「注意」字樣的反光貼紙，或者整體以黃色和黑色相間的斑馬紋樣出現。性格雖然謹慎，但因為有被車輛衝撞的危險，所以總是穿著很顯眼的衣服。真想聽聽看它本人的想法啊！

隨 意 鏡

磯部祥行

文字・照片

我只看著你

難以預見前方路況的地方，非常需要轉角鏡。不過，這只會出現在不特定多數的公設道路上，不會設置在只有特定個人才會需要的場所。因此，個人住宅或公寓的停車場出入口都會有私設的轉角鏡。只要觀察轉角鏡的設置位置，就能知道是誰在使用了。

另一方面，也有在公共場所設置私用轉角鏡的情形，這就稱為「隨意鏡」。誠如石川初先生所述，個人侵蝕公共場所，通常是「暫設」的型態較多，但也有牢牢固定在河川沿岸或公園柵欄上的情形，在這些位置上無論有沒有轉角鏡都不會有太多影響，所以公家單位可能就睜一隻眼閉一隻眼了。

回 收 桶

　　放在飲料自動販賣機旁的空罐垃圾桶，在業界稱為回收桶。依據業界團體的自主規範，每一台販賣機旁都會放置一個回收桶。

青蛙型
長得很像青蛙。投入空罐的洞口就像眼睛一樣，以下的內容都稱呼這個部分為眼睛。名稱為 NPX-95（Art Factory Gen 出品）

權之介型
很像藤子不二雄的《21衛門》當中，登場的機器人——權之介。這是在可口可樂自動販賣機旁邊發現的。

女權之介型
和權之介相比，眼睛更靈動，所以比較像女生。商品名稱為 NPX-90X（Art Factory Gen 出品）

眉毛型
雙眼上方的眉毛，清晰地向上抬起，外表威風凜凜。商品名稱為 95N（Art Factory Gen 出品）

外星人型
雙眼縱向排列的外星人款式。這是在三多利飲料販賣機旁邊發現的。

摩艾石像型
位於澀谷車站前，宛如摩艾石像外表的回收桶。在各公司的販賣機旁邊都可以見到。商品名稱為 NPX-95X（Art Factory Gen 出品）。

丘陵地公寓型
仿照丘陵地的傾斜狀，製作階梯公寓型的款式。商品名稱為 KPK-100（Art Factory Gen 出品）。

三洞型
從它褪色的樣子和修補過的痕跡來看，應該是很有歷史的產品。在頂部開孔的樣式，現在已經很少見了。

一體型
在車站很常見，和自動販賣機一體成形的款式。就像忍者一樣，非常可愛。商品名稱為 MDX-100LN（Art Factory Gen 出品）

單眼型
共愛公司出品，是塑膠回收桶系列的普及型。商品名稱為 KB-50B。

下巴突出型
下巴突出直直看著前方，宛如優秀機器人的外觀。商品名稱為 KB-90B（共愛）。

輪廓深的單眼型
眼睛周邊有補強，顯得威風凜凜。商品名稱為 NPX-98（Art Factory Gen 出品）。

回收桶的夥伴們
圖 解 回 收 桶

各 部 位 名 稱 與 功 能

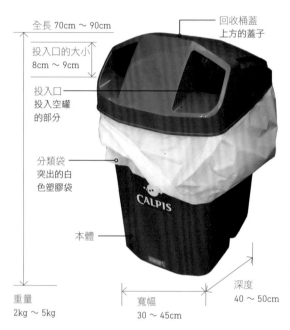

全長 70cm～90cm

回收桶蓋
上方的蓋子

投入口的大小
8cm～9cm

投入口
投入空罐
的部分

分類袋
突出的白
色塑膠袋

本體

深度
40～50cm

重量
2kg～5kg

寬幅
30～45cm

我們很容易就會叫成空罐「垃圾桶」，但其實這些並不是要丟棄，而是為了回收而設置的回收桶，裡面的袋子也不是垃圾袋，而是回收分類袋，材質大多為塑膠。而且，還有使用回收 PET 空罐製成的回收桶。

投入口高度大概在人的腰部，方便投入空罐。另一方面，為防止擅自投入一般家庭垃圾，入口的直徑都製作成空罐的大小。可能是為防止雨水入侵，洞口總是橫向開孔。更換內容物時，只要把上方的蓋子移開即可。為了不讓人隨意打開，大多會加上扣鎖的機構或鎖頭。顏色會配合周邊環境，大多選用不突兀的色系。

不是「垃圾桶」而是「回收桶」

回收桶是體現回收精神物品。其使命為回收使用後的寶特瓶和空罐，讓空瓶得以再利用。有些回收桶自身的材質，也是用回收寶特瓶製作而成。

如此認真工作的回收桶，通常有兩個投入口，看起來就像眼睛一樣，加上它適當的身高，怎麼看都像某種生物。尤其青蛙型回收桶，怎麼看都像

青蛙，因此，很容易就會對它產生感情呢！要是看到回收桶擠滿空瓶，從眼睛溢出來，我就覺得很難受。要是因為地點偶然和丟垃圾的地方重疊，被塞進不可混在一起的紙袋，我看到也會覺得很難過。

它們是回收桶，不是垃圾桶啊！我希望它能一直待在自動販賣機身邊，回收數量適當的空罐。

回 收 桶 的 生 態

幾乎毫無例外地會和自動販賣機一起出現

就好像和自動販賣機樂融融一起散步的夫婦一樣，也經常會見到兩對一起約會的情形。附有兩個回收桶的販賣機，就好像爸爸牽著兩個孩子的手回家呢！

自動販賣機為了分散重量，大多會在本體下方墊混凝土板，看起來就像是穿上木屐呢！如此一來，販賣機看起來就更像人類了。

辛苦了！

哇啊～

回收桶基本上都很認真工作，但偶爾會看到它們疲倦的樣子，嘴角稍微鬆開了呢！一定是因為春天的陽光，讓心情放鬆吧！

被封口了

唔～

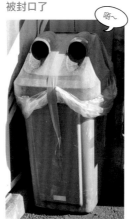

嘴巴被封起來了。應該是因為扣鎖的機關有問題，所以才會從頭部整個一起被固定吧！

重傷

……

已經遠遠超越疲勞的重傷。幸好本體沒事，因此得以盡早去醫院換掉宛如麵包超人的大頭。

郵 筒

供人們投遞信件、暫時儲存郵件的郵筒，因為是紅色所以很引人注意。投入郵件很簡單，但投進郵筒後卻又能安全保管，這就是郵筒的使命。

腳下用石座固定

郵筒 1 號（圓形）
總之就是又圓又可愛。最初的規格是戰後製作的郵筒。有投遞口的上半部，可以改變方向。
開始：昭和 24 年（1949）
材質：鑄鐵

郵筒 1 號四角形
繼承 1 號圓形的衣缽。昭和後期圓形款式使用的鑄鐵材質產量減少，故改為鋼板製。據說圓形設計太過老舊也是更換的原因之一。
開始：昭和 45 年（1970）

就像掛在柱子上一樣

郵筒 2 號
單邊的山形屋頂，給人好印象。專為郵件量少的鄉下設計，小型的郵筒掛在柱子上，很容易設置。

腿短身體長

郵筒 3 號
矮矮胖胖的郵筒。比 1 號款式的容量更大，可以儲藏更多郵件。這是第一個內部裝有收集袋的款式。
開始：昭和 26 年（1951）

右邊的才是 4 號

郵筒 4 號
限時郵件專用。藍色的郵筒只有這一款。一般取出郵件的取出口位於左側，而這一款位於右側，所以可以和其他郵筒並排設置。
開始：昭和 31 年（1956），不過照片中的四角形郵筒是從昭和 35 年(1960)才開始有的。

郵筒 7 號
這是第一個有雙投遞口的款式。當時在東京的郵筒，就分成「東京都」和「其他縣市」兩個投遞口。
開始：昭和 37 年（1962）

郵筒 8 號
把 7 號縮小，改造成在投遞量較少的地方也方便使用的款式。投遞口有分「都區內」和「其他地區」兩種，照片中的郵筒已經被貼上不同的貼紙。

郵筒 9 號
腿很長，外表十分帥氣。掛在柱子上的 2 號郵筒，因為無法順利掛在磁磚上，所以才推出自己可以站立的款式。支柱做成可以拆除的樣式。

郵筒 10 號
這一款是側面為弧狀的款式始祖。側面和頂面都是圓弧狀，所以不易積雨水、也不易生鏽。投遞口下方也有很大的凹洞，更方便人們投遞信件。

郵筒 11 號
比 10 號郵筒的身體還要長。10 號郵筒之後的款式，材質大多為 FRP（強化纖維塑膠），所以不會像鐵製品有生鏽的問題。

郵筒 12 號
腳很短！幾乎是整個郵筒直接放在那裡，是超大容量的款式。常見於人群聚集的車站前或大樓前等投遞量多的地方。

郵筒 13 號
最常見的款式。丟一顆石頭出去，通常都會砸中這種款式。舊款式的郵筒也漸漸換成這一款了。

郵筒 14 號
有編號的郵筒中，最新的款式。屬於小型郵筒，郵件取出口在前面。

5 號 ・ 6 號 呢 ？

這兩種筆者都沒有見過。5 號比 2 號大一點，據說現在只剩下一個了。6 號是沒有腳的終極大容量郵筒，和投遞前保管箱這個郵差專用的設備連成一體。因此取出口分成郵筒和保管箱左右各一的形式，鑰匙也不一樣。

郵筒的夥伴們
圖 解 郵 筒

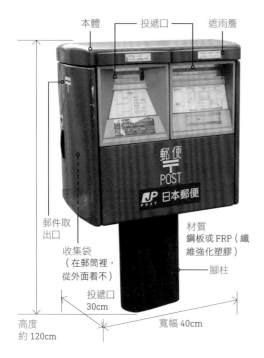

本體　　投遞口　　遮雨簷

郵便
POST

JP 日本郵便

郵件取
出口

收集袋
（在郵筒裡，
從外面看不）

材質
鋼板或FRP（纖
維強化塑膠）

腳柱

投遞口
30cm

寬幅 40cm

高度
約120cm

各部位名稱與功能

投遞口很寬，且高度大約到人的胸口。因為是鐵製，所以下雨不會淋濕，防火功能也強。郵寄制度剛開始時的郵筒為木製，防火功能似乎很弱。從 10 號郵筒開始，投遞口都向內縮，所以上方自然多出遮雨簷。郵件取出口通常都開在左側。左側的下方貼著小小的貼紙，請先確認一下上面的資訊吧！

看這裡就知道這個郵筒是 11 號，製造廠商 為 MATSUDA 工業，交貨時間為平成 11 年 3 月等相關資訊。雖然非常方便，但經過長年的風雨洗禮，很多印刷貼紙都已經脫落。
舊的鑄鐵材質，也有一些不是用印刷的，而是直接在鑄模上刻好的。

「昭 37 吉村製」。這是在 1 號圓形郵筒後面發現的字體。
材質方面，最近大多使用 FRP（纖維強化塑膠），以前鋼板製的郵筒還是會因為被雨水侵蝕而生鏽。雖然這樣反而會產生一種懷舊的味道，但是對送信者而言，絕對不是好事啊！

可輕鬆投遞、妥善保管

郵筒的使命就是讓人們輕鬆寄信，並且安全保管信件。現在的郵筒，無論是在材質或是在設計上，都為了要達到這兩個使命而一步一步地進化。

郵筒本來是「收集書狀」的木製箱子，但因為太容易燃燒，所以改成鑄鐵製，後來又因為容易生鏽，改成 FRP（纖維強化塑膠）材質。不被風雨打濕，當然也不會被任何人打開。郵筒現在已經到處都有，全日本都是同樣的形狀，所以投遞時不會不知所措。投遞口寬闊，而且在胸口左右的高度，方便人們投遞信件。

也因為如此，舊款的郵筒漸漸消失，置換成新的款式。希望各位在附近發現郵筒時，能仔細觀察一番。

郵筒的生態

珍奇郵筒　也有無數非制式規格、具有獨特設計的郵筒，遇見這些稀有郵筒也是一大
　　　　　樂趣。

上野動物園的熊貓郵筒。繞到背後看就
會發現真的有尾巴呢！好可愛！

鴨巢郵局前的郵筒。
上面有地藏通商店
街的形象公仔。

駒込車站前的櫻花
郵筒。設計源自駒
込為染井吉野櫻的
發祥地。

以前的老郵筒

混凝土製的替代用
郵筒。戰爭時製作，
用鐵以外的材質替
代，故稱為替代用郵
筒。和鐵製的郵筒相
比，長年使用下，投
遞口容易損壞。

圓形附遮雨簷。明
治 45 年（1912）開
始使用。為了在下
雨天也不淋濕信
件，投遞口加上了
遮雨簷。

棲息地

郵筒很喜歡人群聚集的場所。主要的棲息
地在車站或學校、醫院、商店等建築物前，
尤其會頻繁出沒在郵局前。

單獨

幾乎在所有場合中都單獨行動，雖然
不會成群結隊，但還是發現很少見的
限時郵件專用 4 號郵筒和其他郵筒併
排的情形。

顏色

幾乎都是紅色

顏色幾乎都是紅色。喜歡引人注意，
是一般性的說法，但詳細的緣由沒有
人知曉。限時專送的郵筒之所以為藍
色，據說是遺傳自以前曾經生存過一
段時間的藍色航空郵件專用郵筒。
紅色的身體，對抗紫外線的功能薄
弱，因此年老之後大多會褪色，還會
被鐵鏽侵蝕。郵筒歷經風雨、長年辛
勞，真想稍稍慰勞它們啊！

氣氛的五線譜

大山顯
文字・照片

托小時候學過鋼琴的福，所以我看得懂樂譜，對於街道裡隨意畫上五線譜這件事也十分在意。為了表現愉快的氛圍而犧牲正確性，只描繪出氣氛的樂譜，我將其命名為「氣氛五線譜」。它很常出現在附設卡拉OK的小酒店或酒吧，也很常見於花店和餐廳的看板上，每次看到都會讓我覺得渾身不對勁。

話雖如此，我也沒打算指出氣氛的五線譜有多荒謬，反而是藉由接受它，去突顯五線譜自身的奇妙本質。氣氛的五線譜，並不單純是對音樂不熟悉的看板工匠所犯下的錯誤，我認為那是對支撐音樂的系統表示懷疑的高度批判作品。

為了仔細品味氣氛的五線譜，我硬是試著演奏這些樂譜，但真的很難，我深刻感到自己有多麼習慣「正確的」樂譜。首先，第一個問題是：這個音程，是什麼啊？」請參照「eve」圖①（第106頁），這就是氣氛的五線譜經典作品。左邊的第2個音是八分音符的形狀呈現出輕快感，諸如此類令人在意的地方很多，不過我想請各位看的是左邊的第1個音，以及右邊最後的音符，音程有多麼模糊。假設這是一份有高音譜號的五線譜，左邊的音符看起來像 RE 又像 MI。取中間值的話，是不是彈成升 RE 呢？右邊的音符看起來像 FA 又像 SO。②右邊的音符也令人疑惑是 DO 還是 RE 啊！

這些氣氛的五線譜拋出的疑問是：「為什麼音程並不是連續的呢？」為什麼音樂上不使用 MI 和 FA 之間的音呢？現在，一般的音樂中不存在「DOREMI～」以外的音階，所以我們往往會以為那才是最自然也是唯一的音程。然而，古希臘時期，畢達哥拉斯用簡單的整數比把弦等分之後發現組合出合音，這才奠定了音程的基礎。也就是說，音階只是基於特定概念聲音的可能性之一而已。

實際上，現代音樂的世界中，甚至有樂譜指示出比半音更細微的音程差距。像是克里斯多福·潘德列茨基（譯註：Krzysztof Penderecki，波蘭作曲家）和克布柯維格（譯註：Ladislav Kupkovi，捷克作曲家）等作曲家所畫的樂譜，有部分會用粗線把五線譜塗掉，演奏者也會同時彈出一般音符無法表現的微妙音程。「eve」說不定才是現代音樂呢！

照片：@g.stand

照片：@g.stand

氣氛五線譜最常登場的就是八分音符
不知道是不是因為外觀看起來比較平衡，八分音符最常出現在氣氛五線譜當中。簡易氣氛五線譜，通常在五線譜上排列兩三個八分音符就心滿意足，完全不在乎樂譜是否成立。另一方面，有時會像「らら」（譯註：右下第一張照片。）畫了很多東西。謎樣的星星符號，讓人感覺很有氣勢。（知道我在收集「氣氛五線譜」的友人，發現新東西時就會傳照片給我。照片下方有標註名字的，就是朋友通報給我的作品。）

仔細想想，五線譜這種系統中，差一個八度的音明明名稱都一樣，但是一個在線上方，另一個卻在線和線中間，總覺得這樣很不合理啊！而且，音階用「高」、「低」來表現，到底是為什麼呢？雖然說「高」音的確寫在樂譜「上方」沒錯啦……總之，讓人湧現許多關於音程的基本問題。只要真誠地面對氣氛五線譜，就會變成這樣呢！

接著，比音程更令人頭痛的是節拍問題。一般的音樂，至少像是普通常聽的流行音樂，大多是「四拍子」或「三拍子」，每個小節重複固定的節拍數。然而，氣氛五線譜幾乎都沒有小節，圖③（第106頁）就是經典的範例。這樣並不是不能彈奏，不過沒有小節＝不是重複形式，有點令人感到疑惑，尤其是最後的全音符，真的很令人煩惱啊！

照片：@g.stand

照片：@g.stand

氣氛五線譜中的音程問題

音符放在曖昧不明的位置上，也是氣氛五線譜的魅力。圖②的升音記號，位置也很微妙。G 大調一般放在 FA 的位置上，但這裡看起來卻是放在 SO 的位置上。認真看待這份樂譜，儼然就是大調增減和弦譜啊！真是極致啊！不愧是音樂之家。

小節線問題

氣氛五線譜當中最容易被省略的就是小節線。現代音樂當中雖然也有部分無小節的形式，但那也不會是出現在熱鬧大街上的東西啊！圖⑤雖然在最後有畫上小節線，但卻變成 16 分之 7 拍這種奇怪的拍子，真難懂啊！

照片：@g.stand

　　如果用比喻法來說明，一天重複七次就是一週，累積之後變成一個月、一年，但沒有小節線就像不知道一天的分隔點在哪裡一樣，太陽一直不西下，沒得睡只能保持醒著的狀態，讓人不禁有「這樣的生活到底要延續到什麼時候啊！」的感覺。實際上的確有「生活的節奏感」這個詞彙，沒有小節就等於缺少節奏啊！

　　圖④雖然有小節線，但第二個小節卻讓人無所適從。第一天相較之下很快就天黑所以很早就寢，但隔天早上就等於第一天整天的時間，下午則是不知道要延續到什麼時候，這種狀態真的很令人疲勞。

　　因為氣氛五線譜而發現的事情，還有「四分音符」、「八分音符」等音符的名稱，其實非常不可思議。因為一小節分成四等分長度，所以稱為「四分音符」，這在四拍子的情形下當然說得通，不過，三拍子的音節就不是「四分」了，照字面上的意思，應該

照片：伊藤健史

照片：@g.stand

波浪五線譜
氣氛五線譜的最大特徵就是愉悅地波浪，乍看之下很像在開玩笑，不過，波浪五線譜和莫頓・費爾德曼這位美國作曲家提出發想，之後由許多藝術家製作出的「圖形譜」，具有相同的奔放感。果然，氣氛五線譜和現代音樂關係緊密啊！

稱做「三分音符」才對。然而，無論是幾拍，四分音符都稱為四分音符。

除此之外，為什麼我們會把重複拍子的形式，當成一般音樂呢？像這樣追本溯源的問題，也會隨之浮現。西洋音樂歷史上，打造樂譜原型的中世紀到文藝復興時期，建築和音樂都憑藉「比例」和「分配」理論而成。（註1）和音程相同，拍子也可能是特定文化打造出來的音樂之一。

關於這一點，路易斯・卡羅的

《愛麗絲夢遊仙境》當中，愛麗斯和瘋帽先生有一段對話很有意思。愛麗絲說：「音樂課學會打拍子（beat time）」。結果瘋帽先生回答道：「就是這個！時間一點也不想被打啊！（beat）」（註2）氣氛五線譜就好像不想被打的時間，像大家提出戰書一樣。越是真誠地面對氣氛五線譜，就越容易進入形而上的境界。

（註一）《建築與音樂》（五十嵐太郎・菅野裕子／2008年／NTT出版）
（註二）http://www.alice-in-wonderland.net/

不了解樂譜的人,可能不懂到底哪裡奇妙。不過,這正是本文想說清楚的地方。簡而言之,我想表示的是因為知識和經驗不同,我們所見的街道風景也不同。

我不會英文所以不是很懂,不過擅長外文的人,一定會很在意街上充滿奇妙英文的看板吧!對樹木很了解的人,眼中所見的路樹或商業設施內的植栽必定和我不同,而且,應該也會很在意假的人造樹木吧!了解規則的人,會覺得違規的東西很顯眼,其實我們都各自住在平行世界當中。

我認為本書就是窺探「平行世界」的指南。另一方面,已經具有一定知識,具有獨自世界觀的人,可以嘗試再更進一步,思考其中的規則。氣氛五線譜就是其中一個範例。

而且,我從十歲左右開始學習鋼琴,當時無論男女生,有很多和我同年級的學生都會去鋼琴教室。根據內閣府的消費動向調查,從 1957 年(昭和 32 年)開始統計鋼琴的家庭普及率,當時為 1.2%,之後就一直向上增加。我出生的那年 1972 年(昭和 47 年)已經有 8.7%,我十歲開始學習鋼琴時已經是 1982 年,普及率已經激增到 18.0%。每 6 個家庭就有 1 家擁有鋼琴,之後,鋼琴普及率在平成元年(1989 年)達到 21.9%,也就是說,當時非常流行學鋼琴。

雖然只是我的推測,我們這些嬰兒潮世代經歷過的鋼琴風潮,應該為 80 年代後半崛起的樂團風潮打下了基礎吧!我也不例外,高中時曾組過樂團呢!當然,當時我是鍵盤手。

在鋼琴風潮之下,增加許多懂音樂的人,之後「錯誤的樂譜」或許會消失,但最近卻很少見到新的看板了,如此一來,還真有點可惜。氣氛五線譜啊!請你長長久久地活下去吧!

照片:伊藤健史　　　　照片:內海慶一

簡直就是現代音樂

最後出現連音符都沒有的五線譜。前述的「圖形譜」不使用音符,而是使用文字或插圖、顏色來表示音樂。「樂譜究竟是什麼?」這個二十世紀現代音樂界中的哲學大哉問,現在仍然存活於小酒店和牛排屋當中。

不是五線譜而是三線譜

氣氛五線譜不只連結了現代音樂，還可以追溯到西洋音樂的歷史呢！成為現代五線譜基礎的樂譜，是 11 世紀左右的「紐姆四線譜」。酒吧和小酒館彷彿告訴我們，是不是把五線譜視為理所當然了呢？

照片：@nyatsura

照片：伊藤健史

照片：@g_stand

認真畫樂譜反而讓人覺得不可思議

「喔！出現氣氛五線譜了！」結果靠近一看，發現是很正常的樂譜。偶爾也會有這種情形發生。總是會有一瞬間覺得：「什麼啊～」而且，還會心想：「為什麼會畫五線譜啊？」對這種情形再次感到很不可思議。可能是被「氣氛」影響吧！總覺得在看板上畫五線譜這件事，本來就很奇妙啊！

照片：內海慶一

畫反的音符很可愛

在氣氛五線譜經常出現的款式當中，我最喜歡畫反的八分音符。如前所述，因為外觀討喜，所以氣氛五線譜當中經常使用八分音符。我可以感覺到「總之就是想畫八分音符！雖然不知道為什麼！」這種熱情，真是可愛啊！

裝飾遮雨棚

內海慶一

文字・照片

裝飾遮雨棚是指兼具遮陽、遮雨、看板功能的商店用遮雨棚。日本全國境內幾乎所有地區都可以看到,是標準的景觀元素之一。部分愛好者還為它取了「飾棚」這樣的暱稱。另外,它還有設計遮雨棚、商店遮雨棚、屋簷遮雨棚等名稱。

裝飾遮雨棚的形狀多樣,沒有兩個完全一模一樣的。仔細觀察傾斜的角度、寬度、深度等細節,就會發現每個都蘊含獨一無二的性格。詳細的分類以後再說,這次容我先介紹基本的三個鑑賞重點。

閱讀完鑑賞的指南之後,希望各位在自己居住的城鎮散步時,能夠多多注意這些裝飾遮雨棚。相信您一定會發現,製作遮雨棚的職人們,持續追求卓越的作法充滿整個街道。任何人都不必花一毛錢,就能鑑賞這些充滿創意的作品。

單面款

直立式

折曲式

圓弧式

形狀 立體款

直立式

折曲式

圓弧式

　　裝飾遮雨棚從形狀大致可以分成只有單面結構的「單面款」，以及側面也有棚架形成箱型的「立體款」。只要注意這一點，就能大大改變觀察的方式。除此之外，進一步注意單面款・立體款的棚面分別屬於「直立式」或「折曲式」、「圓弧式」，就能夠更深入鑑賞了。

垂簾

波浪形墜飾。可以試著一併觀察波浪的寬幅和深度。

遮雨棚的顏色和垂簾的顏色不同。

半圓形的垂簾。也可以說是「較深的波浪形垂簾」。

立體款遮雨棚，但只有前面有垂簾。

平面款的遮雨棚加上沒有波浪的垂簾。

前面寫著文字的部分，幾乎整個都是垂簾。好長啊！

　　垂簾就是「垂下」的意思。遮雨棚下方，垂下來會隨風搖晃的部分稱為垂簾。大多會裁切加工成波浪狀，但也有直接延長棚布，不經加工的款式。這種款式乍看之下就好像沒有垂簾一樣，必須仔細觀察。先判斷「有垂簾」或「無垂簾」，如果有垂簾，就試著鑑賞它的形狀、長度、顏色吧！

除了正面上方以外都露出骨架。

只露出下方線條的骨架。

利用側面的骨架展示設計。

除了側面上方以外都露出骨架。

裝飾遮雨棚的構造材質為鐵架，我們稱為「骨架」。骨架不只決定了遮雨棚的形狀，它本身也是設計的元素之一。無論是露出骨架還是隱藏骨架的裝飾遮雨棚，都不是偶然變成現在的形狀。這些都是遮雨棚的職人，在有目的的情形下做出的選擇。若能了解「露出骨架」和「隱藏骨架」各自不同的韻味，就已經是很優秀的裝飾遮雨棚鑑賞家了。

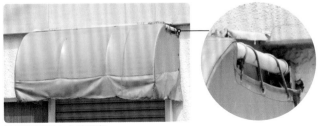

只露出側面上方的骨架。

各種裝飾遮雨棚

　　方才解說中提到的「單面／立體」的分類，不過是為了大
致掌握裝飾遮雨棚的形狀，而整理出的概略觀察法。走在街
道上仔細觀察，就會發現裝飾遮雨棚具有驚人的多樣性吧！
不只形狀，連顏色和質感、字體（文字）等都是鑑賞重點。
這裡所揭示的內容，只是鳳毛麟角，您所在的街道，一定也
有結合嶄新發想和精緻工藝所打造出的裝飾遮雨棚！

鏤 空 磚

　　磚牆上可透光而且有花樣的就是鏤空磚。它賦予磚牆圖樣節奏感，讓磚牆也能達到通風效果。如果使用過度，會導致牆面強度減弱，必須多加小心。

最常見的款式。在磚牆業界稱為「松」。因為和青海波這種日本的傳統紋樣很相似，所以也有人用青海波稱之。

青海波下方的兩條波紋橫向延長，這也是很常見的款式。除此之外，也有和青海波交互使用的情形。

青海波中間的部分為直線。桂機械工業這家廠商，把這種款式命名為「三山崩」。

簡樸的菱形。經常可以看見和青海波排在一起，一說到鏤空磚就絕對少不了這一款，也被稱為鑽石。

兩個菱形的組合。

菱形的邊向內凹。街道上會看見的鏤空磚大多都是青海波或菱形圖案的變化款式。

當然也有很多不受日本傳統紋樣影響的款式。這看起來就像一個大叉，或者像羅馬字的 X。

並排多個羅馬字 X 就變成這種樣式。桂機械工業命名為「雙重 X」。看起來很像補強耐震結構的鋼筋，貌似比較堅固。

如果延續前面的 X 聯想，這個圖樣就像羅馬字的 Y。有 X、Y 就會期待看到 Z，但是很遺憾卻從來沒有看過 Z 形的鏤空磚，感覺應該會有才對啊！

也有以圓形為基礎的紋樣。看起來很像帶著四角眼鏡的人眼呢！

這並非鏤空磚，而是混凝土製的磚頭原本就會在長邊開孔。也可以說是把開孔的部分放在橫向牆面。

讓兩個四分之一的圓相對。如果排滿的話，應該就會出現整圈圓了。如果只看單個磚頭，造型很像國數字四呢！

很像電影星際大戰中登場的機動步兵（帝國衝鋒隊）的臉。其實，這和剛才已經介紹過的Y形磚只是上下顛倒而已。

張開眼睛，表情非常奸詐的一張臉。感覺應該會出現在古代石像的表情。額頭上有塗一些東西，說不定是印度的眾神之一。

覺得很像大大張開嘴的小雞，滿可愛的。

並非混凝土磚，而是在圍牆上方採用鏤空雕刻。有櫻花、青竹等樣式。

相同的磚頭緊鄰在一起，就會形成鏤空磚的圖樣。

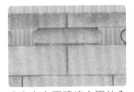

也有在上下磚塊之間放入圓形磚，中間相隔半塊磚頭的距離。

如果用家徽風格來形容，應該就是「反菱半圓」吧！分解後的確是呈現這些形狀。外表很像人臉，是非常不可思議的設計。

說它像中國傳統的「雷文」圖樣，的確是滿像的。這是在拉麵碗邊緣經常出現的裝飾。據說有除魔的功能，用在圍牆上真是剛剛好啊！

這是一般的磚塊，會讓人忍不住覺得：竟然這樣也行？照片中的範例是4塊磚頭，也有2塊、3塊的樣式。

鏤空磚的夥伴們

圖 解 鏤 空 磚

混凝土磚的規格由 JIS 工業標準制定，因此這種鏤空磚的寬度和高度皆統一。長 39cm、寬 19cm 乍看之下有點上不下，但加上間隙的寬度 1cm 之後就剛剛好了。磚塊與磚塊的間隙通常使用砂漿填縫。材質雖然是混凝土，但表現卻非常豐富。

將表面塗滿顏色的款式

厚度 10 ~ 19cm

寬度 19cm

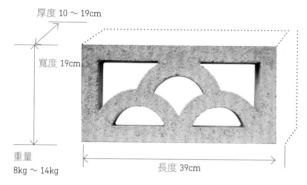

從窗口窺探的款式

重量
8kg ~ 14kg

長度 39cm

鏤空磚的圖樣至少要和四方形外框有一個接點，這是設計上的限制之一，主要是因為有強度上的限制。比如菱形圖樣，上下和外框連結較強（右上），左右和外框連結的部分也算做得很深。
菱形的部分如果在正中間，就會變成這種設計（右下）。如果用塑膠模型來比喻，就好像分模線一樣。從四方形的外框伸出手臂支撐中央的設計圖形。鏤空磚的設計，就是有這些限制和克服問題的巧思。

正因為是統一規格，才產生無數的設計

鏤空磚也是混凝土磚的一種，尺寸幾乎統一為寬 19cm、長 39cm。幾乎是 1：2 的比例，要如何設計呢？這就是展現職人技巧的時候了。材質為混凝土，設計上下左右必須有部分和外框相接。就像字數固定的俳句一樣，正因為有比例和限制才能完成作品吧！

沿著有連續磚牆街道走，就會發現相鄰兩家的磚牆有微妙差異。有紋樣不同的，也有紋樣相同但排列不同的情形。我猜想應該是屋主想和鄰居多少有點區隔吧！可能就是因為屋主會問：有沒有稍微不一樣的鏤空磚？所以才造就了各種設計吧！

鏤空磚的生態

群聚的型態

它們不會直接和夥伴並排在一起，至少會保持一塊磚頭的距離。

其原因在於組成磚牆的混凝土磚的性質（右下圖）。長邊有開孔，在這裡灌砂漿穿過鋼筋與地基相連，藉此補強整個圍牆。

然而，鏤空磚大多都沒有在長邊開孔，所以鋼筋無法穿透。也因此日本建築學會的基準規定不能連續並排兩個以上鏤空磚。

宛如星際大戰的機動步兵團，朝著對面排成一列。

混凝土磚

儘管如此，也會看到像照片中這種連續排列、氣勢磅礴的案例。這樣真的沒問題嗎？在各種層面上，都令人在意啊！

群聚的形態

老朽的鏤空磚經過長年風雨，呈現宛如洞穴般風貌。

洞口是「入口」還是「出口」

鏤空磚有開孔，但總是會出現和本來目的不同的使用方法。上圖是小雞形狀的鏤空磚，在嘴巴的部分被塞進寶特瓶。看起來很像是餵小雞吃東西，但是千萬不能做這種事啊！下圖則是變成花圃。庭院通常會有植栽，所以常常會出現這種情況。

容易被寄生

也有像這樣被拿來固定垃圾場的網子。請注意這個案例中，巧妙使用青海波圖紋交叉處的技術。感覺應該會有人說：「因為那裡才能固定啊！」

終點

最悲哀的就是像這樣被填起來。難得以鏤空磚的姿態問世，卻因為屋主的決定，變成一塊普通的混凝土磚。這種故事也隨處可見呢！

外 牆

　　覆蓋在建築物最外側的牆面，必須不畏風雨和火，力求堅固。自古以來使用木材或石材建造，最近較多金屬和陶土的材質。

木板層疊型
上層木板和下層木板部分重疊，防止雨水入侵，常用於戰前的住宅。

木造砂漿
木造建築外以砂漿包覆。砂漿是在水泥中加入砂石和水調製而成。和單純的木造建築相比較不易燃。戰後較多這類住宅，直到昭和時期後半段都是主流建材。

大谷石
在枥木縣宇都宮市大谷町採集的石材，材質柔軟易於加工。有些地方會出現空洞，這些洞被稱為「味噌」，具有獨特風格。

伊豆石
石牆上很常見的材質。在伊豆周圍的熔岩，冷卻凝固後形成的岩石，材質非常堅硬。江戶城的石牆就是刻意從伊豆用船運來這種岩石打造的。

磚牆（陶瓦）
曬乾或燒製黏土，做成塊狀。像照片中這種素燒磚也稱為陶瓦。

磁磚
燒製黏土並固定成塊狀，比磚塊薄。為了防止水漬等髒汙而在表面上釉料，因此會像照片上一樣閃閃發亮。

窯燒類側牆
水泥中混合木材等纖維，凝固之後製成的材質。由於混合纖維，所以能補強張力強度。最近多用在獨棟住宅。

混凝土模
完成混凝土牆結構之後，表面不做任何處理。牆面上的洞，是固定板模用的分隔棒留下的痕跡，稱為分隔孔。

鋼板
在鋼板上鍍膜的材質。有經過鍍鋅處理的鍍鋅鋼板或者加上鋁的鍍鋁鋅鋼板。照片上的材質應該是後者。

御影石
又稱為花崗岩。生於地球的深處，質地非常堅硬。宛如芝麻鹽一般的紋樣是一大特徵。日本全國皆有產地，品名會像「稻田御影石」這樣，前面加上產地名稱。

萬成石
在岡山縣的萬成開採出的粉紅色御影石。因為其成色，又被稱為櫻御影，不過當地的石材工會，則是以「桃色」來介紹這款石材。真不愧是岡山啊！

石灰岩
珊瑚和貝殼等堆積而成的岩石，大多含菊石目等化石。石灰岩熔解後再冷卻凝固的石材稱為大理石。

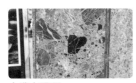

人造大理石
人工岩石。和真的岩石並排在一起，縫隙用砂漿填補，最後切成薄片就大功告成。

綠化牆面
讓藤蔓植物爬滿整片牆。為了讓藤蔓易於攀爬，表面採用網狀結構。具有美化景觀、降低室外氣溫的功效。

灰泥
在氫氧化鈣當中加入植物纖維或黏著劑，塗抹在土牆等表面上的材質。使用於倉庫或古城，具有高級感。

壓克力塗料
壓克力塗料中加入砂粒等骨材，噴灑於牆面上。紋理細緻，摸得到顆粒。

噴砂型
噴上含有樹脂等材質的塗料，讓表面有層次感。比左邊的壓克力塗料更柔滑，內部有好幾層塗層。

滾筒塗裝（噴砂型）
噴上塗料之後，從上面用滾輪壓過，打造層次感。圖樣看起來會更大。又稱為滾筒按壓塗裝。

圖 解 外 牆

各 部 位 名 稱 與 功 能

矽膠填縫

磁磚
縫隙

外牆雖使用各種不同的材質,但都要求不易燃、堅固且壽命長。從最外側可見的磁磚等部分稱為外裝材。百貨公司或辦公大樓等具有高級感的建築物,外側大多採用石灰岩或大理石等材質。根據種類不同,有些材質含有大量菊石目和箭石目等化石,這些都是值得觀察的對象。

菊石目

箭石目

依據時代與地區不同,選擇最適合的材質

自古以來,人類就利用木材與石材、土壤、動物的毛皮等隨手可得的天然材質來保護居住空間。隨著時代演進,也開始使用磚塊和混凝土等最新材質。外牆也展現出地區性,生產石灰岩的地區採用石灰岩,氣候乾燥的地區採用土牆。活用周遭材質這一點,就和鳥兒、河狸用樹枝、泥土築巢一樣。

最近的潮流是使用人工材質,具有容易加工、堅固而且不易燃的特性。除此之外,還能符合價格低廉的需求,最近很常在獨棟住宅看到這些建材。另一方面,使用已久的天然材質仍然深受人們信賴,因此,人工材質的質感也必須模擬天然材質。住宅建材廠商的目錄當中,仍可見到木紋、大理石紋等既有的材質風格商品,乍看之下令人錯亂,但也是最適合現代狀況的解決方式吧!

外 牆 的 生 態

老化　剛出生的建築物都閃閃發亮，但隨著年紀增長也會有不同韻味。
建築物的所有人一定會不高興，但這也是鑑賞的重點之一。

大谷石這種天然岩石會長出青苔，這也是老巷子的象徵啊！

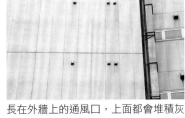

長在外牆上的通風口，上面都會堆積灰塵。有時會因為下雨而被沖下來，結果就變成外牆上的圖紋了。像這樣因為雨水而形成的汙漬，也為外牆增添層次。

也有建築為了避免汙漬，一開始就在通風口那一條線塗上顏色，原來還有這一招啊！

這也是雨水造就的美麗汙漬。這種情形，都是雨水從最上層的外牆縫隙流下而形成的，因此，它被稱為縫隙紋樣。

擬態　外牆也有擬態的時候。

這是模擬樹木的板材。板材上印刷木紋，無論內部裝潢或室外，都有很多擬態成樹木的建材。

這是支柱紋樣，白色支柱的正下方，是雨水集中的位置。像這樣根據外牆的狀況不同，老化的風味也各異其趣。

這是擬態成磚塊的例子，但其實也是印刷的圖樣。由此可知，雖然很想要各種材質的質感，但有施工或保養上的難處，所以選擇用擬態的方式實施。

送水口

佐佐木芽矢子

文字・照片

出現在建築物的外牆或者玄關外，有時也會出現在商店街的遮雨棚。靜靜佇立在街上，守護大家安全的金屬塊，它的名字是──連結送水管送水口。設置此設施的目的，是為了把水運到難以從消防車送水的地點。

嵌入牆面型
嵌入式的款式有「嵌入牆面式」與「露出式」。現在嵌入牆面式的送水口較常見。

Y 字露出型
深具厚重感，是非常有氣勢的珍品。露出型堪稱是送水口的原型。

單口露出型
只有在初創時期使用的連結送水管用單口送水口。宛如迷你模型一樣，十分可愛，是稀有產品。

自立型
從地面上長出來的款式，稱為自立型或站立型。適合用在建築物外牆與道路之間有一段距離的情況。

縱向自立型
如照片中所示，最近也有這種本體與立管一體成形的款式。

橫向自立型
外觀很像從外太空來的外星生物。

嵌入牆面型 多個聯合式

自立型 多個聯合式

大規模建築物除了連結送水管送水口之外，還會設置灑水器或簾式灑水（向簾幕一樣灑水，防止火勢延燒）用的送水口。

送水痕

放水口

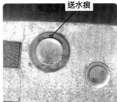

轉用型

有遮雨棚的商店街，送水點通常在屋簷上，屋簷難以放水的建築物，則會設置在側面。這是懸吊式的自立型款式，也有些商店街會使用懸吊式 Y 字露出型的稀有款式。

第二代外接送水口

接上新的送水口，代替老舊的送水口。現在大多不更換建築物內部的配管，而是沿著外牆設置新管線。照片中的例子明明是嵌入牆面型的送水口，但卻無法嵌入牆面。不過，可以因此看到一般情形下看不見的配管和閥件，也是一件令人開心的事。

送 水 口 的 鄰 居 們

很像，但是不一樣喔！

採水口

連接設置在建築物的防火水槽，提供消防用水。

自立型採水口
採水口的握柄大多都很長。上方的突起物是開關閥。

嵌入牆面採水口（三口式）
依照消防用水容量多寡，在法令上有規定採水口的數量。

逆水滴型採水口
這種逆水滴型的裝飾板，只有南北製作所才有生產。

室外地上式消防栓

連接自來水，提供消防用水。

砲彈型室外地上式消防栓
依地區不同，顏色和形狀也各異。這一款被稱為「砲彈型」。

鐵捲門開關用送水口

並非提供消防用水，而是緊急時，可讓消防隊利用水壓打開鐵捲門的開關。

鐵捲門開關用送水口
經常被誤認為是稀有的連結送水管單口送水口，但這在車站或商店等場所很常見。

圖 解 送 水 口

管蓋

本體

握柄

鎖

立管

鎖鏈固定處

連接口

鎖鏈固定處

圓板

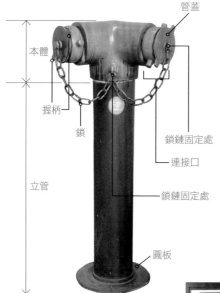

各部位名稱與功能

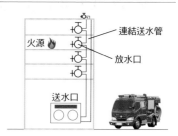

連結送水管

火源 🔥

放水口

送水口

送水口是為了送水到消防車難以放水的地方而設，比如大樓的高樓層、地下街等場所，是「消防活動的必要設施」。通常設置在消防車輛容易接近的場地，連接口也會在地面上 50 ～ 100cm 的位置。

現行法令的設計基準為：

● 地上有七層以上的建築物。
● 地上五層以上，且總面積在 6000 ㎡以上的建築物。
● 1000 ㎡以上的地下街。
● 延長 50m 以上的遮雨棚。

文字板

裝飾板

接續口

送水口的接續口有兩種類型　只有東京都繼續採用螺旋式的管蓋，但 2015 年春季開始導入插梢式管蓋，可能十年後螺旋式管蓋會變得很稀有呢！

螺旋式連接口
旋轉連接口，接上水管。連接口上有握柄（突起的部分）。

插梢式連接口
按壓水管連接口，就能接上送水口內部的鉤子。

附變壓器
在新潟與川崎等部分都市還留有螺旋式連接口。照片中的例子，是未更換連接口，直接在上面加變壓器因應需求。

送 水 口 的 生 態

樣式　從上往下看，每個送水口的角度和形狀都不同。

75 度的氣勢

120 度的氣勢

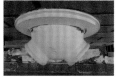

像原子小金剛的屁股

肌肉的美感

幼蟲……？

望遠鏡

商標

昭和 50 年代（1975 年）以前的送水口，大多都有標示廠商以及該建築物的配管業者之商標。

① 村上製作所 ② 建設工業社 ③ 立賣堀製作所
④ 橫井製作所 ⑤ 南北製作所 ⑥ 岸本產業

時尚的管蓋

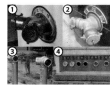

仔細觀察為防止異物入侵而設的管蓋，就會發現它們也有豐富的性格。

① 紅色管蓋 ② 鋸齒狀管蓋 ③ 就算相鄰也各有主張的紅色與藍色壓克力管蓋 ④ 各種壓克力管蓋

「保守防衛」戰略，貫徹孤傲人生的送水口

送水口扮演一個「最好不要用到」的角色，因為只要它一出動，就表示建築物已經身陷火海。

即便如此，它也必須隨時讓自己保持在最佳狀態。連接口有無異物？配管有無滲漏？送水口總是保持緊張感，但又必須祈禱不會有用到自己的一天，個性真是嚴謹啊！

本來送水口就是戰後復興和技術發展的證據之一。重建後的都市裡，充滿高聳的建築物，厚重而豪華的送水口就像安全保證書一樣，肩負製造廠商之名，被設置在玄關前。

隨著必須設置送水口的建築物件增加，它不再是特別的物品。而且，最近為了美觀，把送水口設置在大樓的側面或整個圍起來的情形也越來越多，僅管如此，送水口仍然毫不氣餒，持續精進。

我希望大家今後能多多注意這麼努力的送水口。

送水口的鑑賞筆記

木村繪里子

文字‧照片

人生在世，我們不可能完全不被他人影響，送水口也一樣。管理它們的人類、愛管閒事的鄰居、經過的路人、強烈的陽光、飽含大氣污染的雨水強風、任性而為的草木、長遠的時間等等。因為種種緣故，打造出獨具個性的送水口，我為它們取名，並且仔細鑑賞。

[供品]

為防範不知何時才會發生的災難，忍受風吹雨打的送水口令人肅然起敬。就算身上被放置空罐和空瓶、失物等物品，看起來也像供奉給地藏王菩薩的供品。有時送水管口的頭頂會留下圓形的印記（仔細看就會發現這張照片也有），那是空罐長時間占據頭頂痕跡，我一直都滿懷敬意，稱它為「天使之環」。

[淹沒型]

指送水口被街上路樹淹沒的狀態，春天到夏天是最美的季節。被蓬鬆的葉子掩埋的樣子，再次提醒人們無災無害的和平時光有多美好。

雪大到會積雪的日子，就是觀賞「被雪淹沒的送水口」最佳機會！

[剛剛好]

嵌入牆面的四角送水口，剛好沿著磁磚的格線鑲嵌，所以我稱它為「剛剛好」。因為需要配合配管的位置、調節裝飾板的尺寸等設計，所以不太可能像這樣剛剛好嵌入。當我把視線移到送水口的四個角落，發現每個角都配合得剛剛好時，那種感動就更加深刻，讓我們為不容許一絲誤差、執著於美感的施工人員送上掌聲吧！

[送水痕]

以前曾經有送水口的地方，會留下送水痕。有完全拔除並且將送水管的洞口用砂漿填滿的，也有只留下裝飾板的，或者留下送水口但把連接口塞住的，情況各有不同。送水痕的附近都會有年輕的第二代送水口隨侍在側，默默守護晚輩的前一代送水口，一定會傳授它們工作的祕訣吧！

[副業]

有些送水口也經營「副業」。除了它本來的使命——消防活動以外，在定期檢查的閒暇時間也做其他有效利用，像是掛看板、支撐物體等。大多都是一些耗體力的勞動，但它卻從來都不抱怨，默默努力的姿態令人動容。有些送水口掛看板的副業，已經讓人搞不清楚哪一個才是本業了。

佇立在路上的送水口，雖然都是送水口，但絕對每個都不一樣，就算形狀相同，從顏色和污漬、與周圍的調和程度來看，簡直就是完全不同的兩個人。

從這個層面看來，越是歷史悠久的送水口就越有韻味，這是不爭的事實。但願今後也不會發生任何火災，讓送水口繼續過著安穩的日子。

[包覆型]

目的是為了防止髒汙，很多時候外層塑膠膜已經劣化，但送水口本身卻還是閃閃發亮，就像土產店最裡面的架子上，放著包裝堆滿灰塵的貨品，呈現閒置狀態。除此之外，也有檢查時發現已經無法使用的送水口，宛如被封印般纏得像木乃伊一樣的案例。

[藝術品]

我們可以想像送水口陷入出乎意料的狀況之中。但相反地，也有一些人會在送水口加入藝術的元素。讓送水口不只是送水口，積極與作品組合，這種「絕不放棄」精神，也帶來不同層面的感動。

鐵 捲 門

　關閉商店或事務所出入口的設施，大多為不鏽鋼製，就算要造訪的店家關門也千萬不要覺得很可惜，請好好觀察鐵捲門吧，鐵捲門有很多可以鑑賞的重點呢！

輕量鐵捲門
最常見的款式，使用在開口較小的地方，重量較輕，可以用雙手開關。

格柵鐵捲門
透光款式。只有骨架，所以不會有壓迫感。

重量鐵捲門
使用在開口大的事務所或商店入口。太重無法用手推，大多為電動式。

排煙鐵捲門
上方為透光款式，讓煙霧可以從這裡散去，加上具採光，簡直是一石二鳥。

水壓開啟式鐵捲門
乍看之下是非常平凡的鐵捲門，但仔細看就會發現有開「水壓開啟鎖」的洞口（右邊的照片）。消防隊在這裡放出高壓水柱，鐵捲門就會自動開啟。

從這個黑色部分放水

先靠近再説吧！如此一來，就能知道差異何在

　它們的使命就是防範犯罪與防火，所以身體結實、重量又重。每天靜靜防範閒雜人等入侵，工作態度認真而且外表樸素。本書所提及的物品每個都很樸素，但光是鐵捲門就足以自成一類。每道鐵捲門都是灰色素面，幾乎沒有任何裝飾。

　不過那也只是從遠處看而已，靠近仔細看就會發現其實它們有些許差異，材質、質感、開關方法、門片樣式等，多多少少和隔壁的鐵捲門有所不同。除此之外，經過歲月洗禮之後產生的紋樣又有一點差異。如果看到它們，請先靠近看看吧！它們身上隱藏著各種不同的韻味喔！

圖 解 鐵 捲 門

各 部 位 名 稱 與 功 能

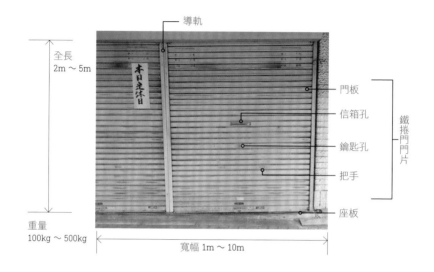

導軌

全長
2m ～ 5m

門板

信箱孔

鑰匙孔

把手

鐵捲門門片

座板

重量
100kg ～ 500kg

寬幅 1m ～ 10m

一般稱為鐵捲門的部分是指門片。組成窗簾一樣一片片的板子稱為門板，藉由驅動軸捲動開關整個鐵捲門。門板的材質多為鋁或不鏽鋼。即便是輕量鐵捲門也非常重，大多裝有彈簧幫助手動開關。

大多數鐵捲門的廠商名稱，只要看貼在最下方的貼紙或商標就可以知道。比如左邊照片裡的鐵捲門，是業界梟雄——三和鐵捲門，如果這裡什麼都沒寫，可以看看信箱孔，中間的照片很明顯可以看到，寫著 BUNKA 幾個字，表示為文化鐵捲門出品，如果連這裡也沒有寫，就看看鑰匙孔吧！請看右邊的照片，你看，寫著「文明」兩個字，表示這是文明鐵捲門的產品。

鐵 捲 門 的 生 態

年老的鐵捲門具有更深沉的韻味

主角是長年累積的灰塵和雨水形成的污漬。左邊的照片彷彿在模仿畫家千住博所畫的日本畫「瀑布模型」一樣精美，畢竟實際上畫出這幅畫的就是瀑布本人啊！中間這張照片上，描繪於鐵捲門表面的紋樣也絕對不能錯過，這是把鐵捲門捲上時，機動軸和鐵捲門接觸所形成的痕跡，我們稱為「捲軸痕」。

捲軸痕多出現在鐵捲門正中間或兩側附近，其位置和形狀每個鐵捲門都不同，個個都是精美的痕跡啊！

剛誕生的鐵捲門門板都很美

門板可以說每個鐵捲門都有不同花紋，要觀察花紋最佳的位置就在和導軌連接、光線變暗的地方（左邊的照片）。你會發現有像海馬一樣的複雜的曲面，也有像蛇紋一樣的材質，除此之外也有渾身散發「洗鍊」氛圍的鐵捲門，其實每道鐵捲門都有他獨特的個性。

人造樹木

伊藤健史
文字・照片

人造樹木的區別

怎麼看都不像樹木,但越看越有「像樹一樣」的細節。試圖融入嫻靜景觀中,擬態成樹木的混凝土或塑膠製柵欄、柱子,都是人造樹木的夥伴。

最常看到的是在公園或綠地上,當作道路柵欄的擬態植樹(把人造樹木稱為擬態植樹,是我擅自命名的稱呼)。公益社團法人日本道路協會發行的《防護柵欄之設計基準》當中,「防護柵欄」的「行人腳踏車用柵欄」有分為「防止跨越柵欄」以及「防止掉落柵欄」兩種。

這兩種最簡單易懂的差異在於高度。「防止跨越柵欄」路面至橫木上方的高度為 70 ~ 80cm,而「防止掉落柵欄」高達 110cm,且建議附上直立的格柵讓小朋友無法攀爬,各廠商的尺寸和規格大多都依照此基準製造。

防止跨越柵欄
作為步道、車道之間的界線或者禁止進入區域的界線上,會出現擬態植樹。

防止掉落柵欄
用於公園內的池塘等有掉落危險的區域。為防止人從間隙禁入,使用縱向的柵欄區隔。

人造樹木的歷史

混凝土人造樹木的名廠商為鍋島。PC 人造樹木的這種預製工法開發出人造樹木,可大量生產。在東京都的橫穿弁天池公園可以觀察到各種人造樹木。這裡的人造樹木表面的擬態樹皮(這是我擅自創造的名詞,簡單來說就是樹皮),採用燒過的杉木板質感。

麻雀雖小五臟俱全,有多種草木和人造樹木圍繞,依然形成充滿療癒功能的親水公園。

鎖鏈柵欄 1 號

D-1 外柵欄

在闊葉樹當中最常見的為麻櫟質感的人造樹木。麻櫟不只組成山邊的雜木林,也被當作品質良好的香菇栽培用原木。說不定不久以後也會出現附有香菇的人造樹木呢!雖然我不知道哪裡會有這種需求就是了。

在我們生活中十分常見的樹木。你看,多麼融入在環境中啊!

玉川上水(東京都)鍋島製 D-1 外柵欄麻櫟質感。

近年來因為耐腐蝕和劣化等功能,塑膠製的人造樹木也漸漸增加。前田工織所製的產品很有名。

觀音崎(神奈川縣)的外柵欄

教育用的森林公園(東京都)的纜線柵欄。

人造樹木的歷史約有 100 年。新宿御苑中,有日本最古老的人造樹木,施工於明治 38 年(1905 年),由混凝土與砂漿製造,這是在法國製作,進口至日本的人造樹木。

豐潤肥厚的樹皮有著深深的刻痕,樹根的樹皮剝落露出樹幹的樣態也非常逼真。

經過 100 年以上的時間,醞釀出不輸給真正樹木的韻味。

日本製的舊人造樹木,是在昭和初期(1926 年~)東京市第 2 代公園股長井下清的推薦下,由水泥匠松村重製作人造樹木柵欄與欄杆,後來東京都內幾個公園都可以看到這些作品的蹤影(參考:栗野隆〈近代東京擬木擬石名家──松村重的足跡〉Landscape 風景研究 2015 年 5 月號)。

大塚公園(東京都)的道路上設有人造樹柵欄。較厚的樹皮刻上深刻的皺褶,呈現出古老樹木的粗糙感。

年輪也很細緻。連乾燥而生成的木紋裂口都完美重現。

被人造木柵欄包圍的涼亭也很精采。幾乎和真的茅草屋頂一樣,幾可亂真。

有栖川紀念公園(東京都)的人造木柵欄,樹皮的厚度和捲曲的程度絕妙。擬態的對象應該是枹櫟樹吧?

東屋

設置在公園和庭園中，當作休憩所的簡單建築，日文漢字也寫作「四阿」。梁柱和裡面的桌椅，大多為人造樹木。

渡良瀨川戲水池（群馬縣）的人造樹木涼亭。為前述松村重的孫子所經營的松村擬木公司施工。

名藏水庫（沖繩縣）的涼亭。應該是混凝土的人造樹木廠商鍋島製作（涼亭3型G30N）。

藤棚

讓藤蔓攀爬在上方，同時能夠鑑賞花卉的棚架，又稱遮陽架。在欣賞垂下的藤蔓花卉前，先看看柱子吧！這也是人造樹木喔！

JR用宗車站前（靜岡縣）。樹齡80歲的藤蔓被6根人造樹木守護著，枝葉青翠繁茂。接近黃昏的時候，一隻蟬飛了過來。

為了避開藤蔓，成直角轉彎配置的長椅也很棒。

JR伊丹車站前（兵庫縣）。和時代劇中的黑田官兵衛有很深淵源的有岡城遺跡，種植了姬路城藤蔓的藤棚。聰明地利用塑膠製人造樹木打造了遮陽架。

人造木椅子

說到《人間椅子》就會想到江戶川亂步的傑作，那篇幻想短篇小說。聽到「人造木椅子」好像就會帶著奇幻感，騷動大家的心靈，但其實是非常舒適的一張椅子。

樹幹直徑比柵欄粗很多，存在感也大大提升，是巨大的人造樹木。人造樹皮是很稀有的櫻花木質感呢！

有栖川公園裡的人造木椅，擁有令人忍不住嘆息的韻味。感覺黃昏時會有一兩隻妖精坐在那裡呢！

人造木橋

欄杆為人造木組成的「人造木橋」也很常見。

玉川上水（東京都）宮之橋。

石垣島（沖繩縣）的BANAN公園。脫離常軌的設計，將巨大的木頭一刀兩斷。怎麼說呢？感覺就像和周圍豐富的樹木比賽一樣，打造出令人印象深刻的視覺效果。

屋內的人造樹木

商業設施等場地內生存著許多人造樹木，通常以南方樹種較多。這是為了展現出不同於日常的度假空間，並非為了刺激購買慾而硬要採用人造樹木。

海螢火蟲停車區（千葉縣）。怎麼看都覺得柱子最美（譯註：東京灣橫斷道路休息站，也是高架道路與海底隧道銜接處）。

圖解人造樹木

人造樹木的夥伴們

各部位名稱與功能

人造橫木　　人造樹皮

柱子的粗細
12cm ～ 15cm

人造木柱

全長
90cm ～ 120cm

寬幅 120cm ～ 200cm

人造樹木也不是全都由混凝土或塑膠製成。內部有像樹木一樣可以吸水、宛如導管的鋼管，在上面覆蓋砂漿或塑膠形成人造樹的構造。

大大影響人造樹木外觀的人造樹皮，一般為杉木或麻櫟，但也可以訂製櫻花木或垂枝樺木等樹皮。

露出人造樹幹（再三強調真不好意思，其實就是樹幹）的柵欄。可以看到不鏽鋼的紗網上鋪著砂漿。

茶臼山動物公園（長野縣）的櫻花木樹皮人造樹木。

舊人造樹木大多為水泥匠施作，特色是樹皮質感較厚。

年輪和樹皮一樣都是人造樹木代表性的「象徵」。根據種類不同和經過長時間之後，會顯現出各種不同表情。

在真鶴（神奈川縣）發現，非常帥氣的龍捲風藤蔓造型樹皮。

精細度高的年輪創作。

使用塑膠材質反而很有誇飾感。

人造樹木的生態

佇立一生
其中也有一些因為壞掉或其他原因，就這樣一直站著的人造樹木，完全成為超現實的雕塑。

宛如樹木一般
長出青苔或菌類、鳥兒或昆蟲佇立，徹底扮演樹木的角色時，不知道是不是我想太多，總覺得人造樹木看起來很自豪，原來心靈也已經和樹木一樣了啊！

這已經變成真的樹了吧？

地衣類已經在上面繁殖，像樹木，也像石頭。

麻雀正在啼叫。

露出人造樹根。

「半自然」的人造樹木

為了不讓人侵入河川或池塘、森林等區域而設置的人造樹木柵欄。不知何時開始長出青苔，有昆蟲出沒、鳥兒佇立，成為我們和自然界的界線上超然的存在。

就像會定期砍伐的雜木林等自然植物群，會因為人類的干涉而維持現狀，這種情形稱為「半自然」。

人造樹木是人類製造出來的東西，卻反而影響了大自然，稱為「反」半自然，也就是說，這不正是一種半人工的物體嗎？分布於各地的人造樹木，今後會有什麼樣的變化？是否會繼續融入人們的生活呢？我希望能夠一直守護著它們。

擋 土 牆

為了不讓傾斜面崩塌，使用石頭或混凝土補強的擋土牆，又稱為護土牆。為守護安全，總之必須做得很堅固，除此之外，還必須注意排水。

間知石堆疊式（矢羽積堆疊法）擋土牆
在石堆中用砂漿填補間隙，稱為堆疊式工法。照片中的擋土牆石材呈現傾斜排列，稱為「矢羽積堆疊法」（譯註：將石塊以 45 度角傾斜堆積之工法），在以前就有的陡坡很常見。

間知石堆疊式擋土牆（布積堆疊法）
同為堆疊式工法。石材和地面平行排列，所以稱為布積堆疊法。

空石積擋土牆
石材和石材之間不用砂漿或水泥漿填補，直接堆疊的工法。為了讓牆面穩定，需要高度技術。幾乎和石垣一樣。

石垣
自古就存在的石垣，和擋土牆的技術很相似。因此，石垣也可稱為關知石空積擋土牆。

大谷石擋土牆
擋土牆的石材堆疊，使用大谷石的情形很常見。腳邊長出青苔的道路，別有一番風味。

混凝土擋土牆
如照片中的擋土牆，除了利用混凝土本身的重量讓土牆得以穩定之外，剖面呈現 L 型，也可利用乘載土壤的重量。

扶壁（飛扶壁）擋土牆
也有在擋土牆外側加上扶壁支撐的類型。很像早上通勤時間，從電車門口推著乘客的站務員呢！

混凝土磚擋土牆
堆疊預置混凝土製作的磚頭而成。

定錨式擋土牆
在懸崖內部的岩盤上打進定錨，和擋土牆之間用纜線等連結補強。象徵性的定錨頭排成一列，非常有威嚴。

蛇籠
將岩石用籠子圍起來固定在土壤上。可以直接使用附近削土工程中出現的岩石，所以打造效率很高。

二段式擋土牆
擋土牆分成二段。因為很難保障安全，所以在住宅地的條例等規範當中，大多有此規定。

石垣＋重力式混凝土擋土牆
在東京的日本橋川，為了建造首都高速公路的橋墩，只敲毀周邊舊石垣。但是重新堆砌石垣太困難，所以只有這個部分採用重力式混凝土擋土牆。

JR 山手線式二段擋土牆（堆疊式＋混凝土磚）
電車線路周遭有很多擋土牆。電車很難應付高低差，所以只能用削土的方式削去或填補地面。深處的擋土牆，有的就會像這樣呈現二段。

圖解擋土牆

擋土牆的夥伴們

各部位名稱與功能

— 混凝土磚

— 排水孔

在磚牆的最下層,每隔
一塊磚就開一個洞。

— 排水溝

擋土牆的材質主要是混凝土和石材。
有時會沿著崖壁的傾斜度,有時會
垂直聳立。雨水會從裡面滲透出來,
因此千萬不能忘記開排水孔。
照片中的混凝土磚牆中,磚塊正中
間突出聚氯乙烯管。如果是堆疊式
擋土牆,從石材和石材之間貫通硬
管的情形較常見。水分大多是滲水
的程度,但根據位置不同,也可能
大量湧出水分。

這是位於東京目黑區河川遺
跡的擋土牆,冒出水分的樣
子。岩壁下方會出現湧泉,
所以偶爾會有這種情況。

在街道上擋土牆很常見,但
擋土牆尚未出現之前,本來
的樣貌是像照片中這樣。說
得極端一點,我們其實都住
在山裡面,只是因為都市化,
讓我們都看不到這一點。承
擔著這一面的,就是擋土牆。

改變傾斜地的地形,就是擋土牆的使命

傾斜地本來是不適合人們居住的
環境,因為人類只能住在平坦
的地方,所以必須消除斜坡,藉此創
造部分平坦的區域。然而,一旦這麼
做就會出現本來沒有的懸崖,為了對
應這面崖壁,就出現了擋土牆。

設置擋土牆,確保崖壁不會崩毀,
才能安心地住在傾斜地,在這片土地
上活動。這也就是說,擋土牆固定了
本來應該會產生變化的地形,剛好就
像用書擋把書結成一束一樣,藉由設
置擋土牆來固定土塊。

擋土牆的生態

喜愛河川

擋土牆頻繁出現在有高低落差的地區，會產生高低差的位置，通常都在河川邊，也就是會出現在河川遺跡或暗渠（加蓋的河川）的位置。因此，街道上的擋土牆，通常面對細長的馬路、彎彎曲曲看不到前方的情形很多。右上的照片，看起來很像走到盡頭，但其實是急轉彎，而且明明是如此狹窄的空間，卻只有單面牆壁異常的高。走在暗渠上，就會老是遇到這種道路。

副業

擋土牆和住宅的外牆不同，微妙地擁有公共性質，因此，它就像告示板一樣也會被貼上公告訊息。在這裡找到的案例，竟然是某出版社的新刊簡介，是不是擋土牆上方住宅的居住者張貼的呢？

苗床

擋土牆也是孕育植物的場所。多孔質的石材，會生出青苔、從孔洞中長出小草。不需要使用專用植生板材，也能在身邊自然地實現牆面綠化。

附有階梯

也有部分類型附有連結擋土牆上方的樓梯。其風情超群，就算沒有什麼事也會想爬上去看看呢！

消波塊

在防波堤等地放置數個消波塊，不讓大浪直接侵襲港口或陸地。混凝土製，大小約 5m。藉由相同形狀的消波塊互相組合而固定，大多使用保護護岸地基的「基礎加固」工程中，所以也稱為消波基礎加固磚。

TETRAPOD 消波塊／不動 TETRA
說到消波塊大家就會想到這一款。日常會話當中不會說「消波塊」反而大多會用「TETRAPOD」來指稱消波塊呢！四條（TETRA）腿（POD）分別切成圓錐狀，稱為「截頭圓錐體」。明明是圓滾滾又具有親切感的形狀，名字卻很難念啊！（照片：八馬智）

3 連式消波塊／日建工學
兩個 TETRAPOD 組成的形狀，設計成堆疊時可以互相抓住牢牢固定。

四角消波塊 A 型／日本 KOHKEN
宛如「和同開稱」的形狀。（譯註：西元 708 年開始在日本流通的銅幣，據說是日本最早的貨幣）正中間開四角形的孔洞，表面平坦。日本消波加固磚協會將這種類型的消波塊歸類為平型消波塊。

六腳消波塊 K 型／技研興業
消波加固磚的國產第一號產品，是歷史悠久的消波塊。也有到腳尖粗細皆一致的 A 型款式。

折角消波塊／三柱
沿著護岸傾斜角度放置時，因為中央的傾斜角度接近水平，所以其特徵為可以柔和的收放海浪。

折角消波塊／
三谷 SEKISAN
雖然很像折角消波塊，但
正中間的開孔為六角形。
鋪設方法光是基本型就有
三種。照片是「基本型1」
的鋪設法。

立體六角形消波塊／
三谷 SEKISAN
遠看很像四足動物，但每
隻腳的剖面都不是圓形而
是六角形。宛如強化塑膠
的質感，非常帥氣。

海浪消波塊／三省水工
好像前腳直立而坐的小狗
一樣，非常可愛。後腳張
開重心低，不容易倒下。

合掌型消波塊／東洋水研
宛如兩手十指緊扣一樣的
形狀，但看起來也像鋼彈
裡的機動兵器。咬合十分
穩定。

三柱消波塊 I 型／三柱
三根柱子互相垂直交叉的
形狀，正如它的名字。柱
子每一面都有確實導角，
像水晶一樣十分帥氣。
（照片：磯部祥行）

中空三角消波塊／CHISUI
宛如射擊遊戲中，敵人形
象的外型，十分帥氣。料
想其內部也會變成海洋生
物的棲息地。（照片：八
馬智）

X 消波塊／不動 TETRA
如名稱所示，造型為 X 狀。
有正反面，四角可防止翻
面。（照片：八馬智）

海駱駝消波塊／
plform-sunbless
十分可愛的造型，特徵在
於每個面都是由曲面構
成，可以有效消除海浪。
（照片：八馬智）

KOHKEN 消波塊／
日本 KOHKEN
橫向延伸的角柱，中途長
出幾根角椎的構造。根據
角錐數不同，從2個單位
到5個單位的種類都有。
照片中為3個單位的種
類。（照片：八馬智）

消波塊的夥伴們

圖 解 消 波 塊

各 部 位 名 稱 與 功 能

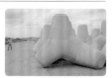

放在海邊的消波塊從遠方看過去會覺得大小一般，但靠近一看就會發現比想像的還大。和左側的人相比，就知道大小了。

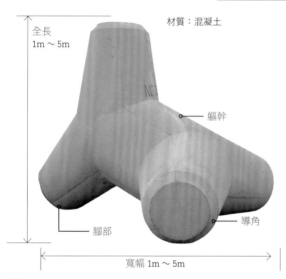

材質：混凝土

全長
1m～5m

軀幹

腳部

導角

寬幅 1m～5m

重量 1～100 噸

消波塊毫無例外都是由混凝土製作。即便是同產品，大小一般也有從最小 1m 到最大 5m 左右的種類。必須 24 小時、1 年 365 天面對海邊或有激流、激浪的河川，所以非常要求堅固與重量。腳部大多都有導角，為了讓消波塊之間能緊密結合，每個消波塊都有很多隻腳。

型態各異，互相協助守護海岸

消波塊夥伴的使命就是守護海岸。削弱海浪威力的消波塊、在海底守護海岸地基的加固消波塊等，種類各異。利用自己的型態守護海岸，戰鬥的對象就是激烈的海流。既大又重而且十分堅固，消波塊之間互相緊密結合。

為了因應各種任務，他們的型態有豐富的多樣性，宛如海中的生物。伴隨著海浪拍打發出的巨大聲響，就是它們日日在最前線工作的證據！

消波塊的生態

誕生　大部分的情形下，消波塊都是在工作地點附近誕生的，畢竟從遠處搬運過來實在太大又太重了。

這是四足動物正要誕生的時候。組合數片模型，在現場灌入混凝土。（照片：磯部祥行）

海浪消波塊的其中一片模型就像這樣。

透過減少模型的種類，設計盡量簡化的製作過程。

剛誕生的消波塊就像這樣並排保養。經過 1～2 週的休生養息，能夠打造堅固的軀體。年輕的消波塊們，整齊地排排站，感覺非常可愛。

生涯

實際在職場上它們也是和夥伴們一起工作，幾乎沒有一個人單獨工作的情形。照片中是「亂疊」，也就是隨機的排列方式。其他整齊堆疊的方式則稱為「層疊」。

日以繼夜

它們面對的是激烈拍打岸邊的海浪。每天 24 小時、1 年 365 天戰鬥的結果，讓它們遍體鱗傷。日漸腐朽的樣態，令人感受到它們的偉大。（照片：磯部祥行）

共生

年老的消波塊，會有另一種姿態，它們會成為海中生物的棲息地。像照片中，消波塊上附著岩海苔和牡蠣，還有小魚居住在那裡，也有本來就是為此而設計成這種形狀的消波塊。

在街角隨處可見
「商店裡買不到的物品」
之設計

八馬智

文字・照片

商店裡買不到的東西

我們居住的街道是由本書所介紹的「街角商品」所構成。這些物品的確在我們的視線範圍內，但不知為何我們卻「看不見」。也就是說，這些物品都在我們日常的意識範圍之外。

這些物品就算在大型購物中心也幾乎無法買到，完全不同於日常生活雜貨和家電產品。因為沒有展示架，所以我們很難意識到它是一項商品，更不會對它的設計產生好奇或想要去判斷其好壞，因此這些街角商品很容易流於「和自己沒關係」的類別。

然而，世界上所有的人工產物，其姿態都是經由某個人或為了某個人而「設計」的，當然，街角商品也是其中之一。著眼這一點來觀察街道，就會慢慢發現這些物品和自己的關聯，而且必定能看到有趣的風景。

感覺可以在富麗堂皇的購物中心購買，但像是手扶梯或地板板材、照明燈具等構成空間的要素，卻沒有在這種地方販售。(照片：大山顯)

街角商品設計的觀察法

在商店買不到的物品，大多是設計不太考究且活潑生動、或者簡單樸素威風凜凜的感覺，無論好壞都不會讓人覺得膚淺，是很「純粹」的設計，其主要原因大概是在於這些商品並非以廣泛賣給一般大眾為目的吧！

對象為一般消費者的商品設計，重點會放在「便於使用，提升消費者滿意度」、「提升外表魅力，和競爭對手做出區隔」、「可四處宣傳自己擁有這項商品，滿足消費者的欲求」等。市場原理中，會重複這些競爭性的項目，設計的水準也會隨之提升。

然而，街角商品的情況卻有點不同。主要的「顧客」並非是不特定的多數使用者，而是公家機關或土地開發業者等「關係人」。因此，街角商品的設計必然有程度上的差距，比起實際上的使用者，更容易偏向重視購買的設施管理人等關係人。而且，對商品的性能平衡之要求，也會自發性地產生改變。

具體而言，就會形成「優先考慮補足本來目的之功能性」、「將便於生產與調配等成本減至最低」、「加強耐久性與可動性等管理性能」，甚至「不讓實際使用者抱怨」等要求。從這些項目看來，直接連結工程且讓成本壓至最低的「純粹」設計，儼然已經成為街角商品的重心。

忠實於其功能，質樸剛健的設計。
（單管路障的照片：三土辰郎）

基本款與各種款式

街角商品有所謂的「標準品」構想，只要選了它就不會對任何關係人造成傷害，其背景來自於法律或規格之規範，這也是日本全國無論何處都有相同風景的原因，同時，對以成長為前提持續大量製作商品的公司而言，是非常重要的價值觀。

街角商品大多登場於公共的日常生活中，因此非常要求人命攸關的安全性，針對這一點，業界耗費鉅額的費用開發產品，因應需求使法律與基準得以完備，創造共通的規格。接著，藉由大量生產來壓低成本，讓產品系列普及。其中，也會出現長期受到愛戴、設計精良的標準商品。

另一方面，不同公司要製作出一模一樣的商品其實不太可能。總之，必須先加入些許差異取得專利，以保護自己公司的技術和利益。除此之外，也有必須配合現場狀況加入新元素、或者基於關係人個人的良心與便利性而製作的客製化商品。另外，現場的職人或使用者本人的手工作業，也會出現一些原創的設計。如此，相同類別的商品也會產生各種不同的版本。

著眼從標準品擴展到其他版本的過程，是享受街角商品的重要關鍵。如果能有意識地感覺製作人和使用人之間的差距，那就太棒了！

思考其形狀的成因

大多數能夠克服各種條件、擁有「純粹」設計的街角商品，都會隨處留下可以想像當初設計意圖和過程的線索。利用各種知識和資訊，推測「當初如何解決這個問題？」其背後的故事和決定形狀的原理，正是觀察街角商品的醍醐味之一。

比如，時時刻刻都在變化的工地現場中，三角錐如何同時讓存在感與穩定性並存，而且還必須實現搬運與保管時堆疊的需求。這些疑問，從它的形狀就可以解讀。除此之外，若瞭解材料與構造，就也會一併注意它呈現適合射出成形之形狀，以便於量產，而且為了補強構造還加上高低差。

另外，高速公路上等間距的照明柱，為了盡量均等地照亮夜間的路面並兼顧安全性，而且不需積極吸引白天行駛車輛的目光，因此支柱的形狀呈現朝向上方且纖細的構造，顯示其追求合理性的極簡設計。而且，比起上半部有美麗曲線的支柱，最近在垂直之柱上直接裝燈具的簡樸樣式越來越多，就可以發現燈具的性能已經有所提升。說到這裡，應該會有人發現夜裡回家的路上，道路照明的支柱和從前一樣，但不知何時燈具的部分已經改成 LED 燈了呢！

就像這樣，從計畫和生產的角度思考，觀察街角商品時，就會感覺和自己的距離拉近不少，也會變得想知道實際上的情形了。

變成低姿態設計的緣由

街角商品設計的品質，大概都依靠廠商或購買人當中的「關係人」對設計的理解能力。如果對設計的理解能力過低，那麼就會生產出對製作方來說很方便、設計不考究的粗俗產品、或者對使用者呈現低姿態的拙劣成品。針對顧客推出的產品，基於市場機制，必須經過專業的設計師層層琢磨才會產出商品，但街角商品則不需要經過這一關。尤其是太過於在意一般使用者的視線時，就會像運用過多卡通人物的投影片，變成以裝飾為主體了。

其中也有藉由擬態木材、石材、磚頭等天然材質，試圖喚起使用者過去的記憶，在此就不一一贅述其案例。雖然無法判別這是否是強加在使用者身上的價值觀、還是對某些辯解的批判，總之，我認為這是對關係人沒有惡意，但卻有點令人困惑的現象。

比如，採用石材堆疊風格裝飾外框的混凝土擋土牆，如果使用的尺寸不對，就會很像用修圖軟體複製貼上一樣，重複相同的圖樣，反而會更加強調人造牆面的感覺。使用堆疊手法，模仿磚頭質感的例子，本來大多數的功能、構造、形狀早就已經悖離材料特性，但諷刺的是，悖離的程度越大，對觀察者來說就越顯得有趣。

另一方面，經由現場職人的手施作出的擬態作品，其手工感的風格與強烈個性獲得壓倒性的勝利，也帶來全然不同的價值觀。

凝視一直以來常見的物品，就會發現它傳達了很多訊息。（照片：三土辰郎）

筆者自己在撰寫原稿的時候，才終於發現自家門前照明柱的變化。

社會共有的「美好記憶」素材。這種象徵性的設計通常品質都不太好。

有時也會遇到能夠強烈感受現場職人獨具匠心的作品。

從威尼斯的傳統門鈴，就可以知道沒有誰家的門鈴可以長得一模一樣。

排列出來就會看見的物品

就算是日常生活中容易忽略的物品，只要大量排列在一起就很難不去注意，街角商品出乎意料地也會用這種方式出現。用找尋收藏品一樣的心情去探索，就會發現整體當中的微小差異。

像消波塊和三角錐等相同產品排排站的樣子，會因為重複相同的元素而產生舒適的韻律感。仔細觀察整體，甚至會感到害怕，被它們的氣勢壓倒。若再加上其中細微的變化、基本單位本身的變化、彷彿要區分其他商品的大幅度變化等，就會令人印象更加深刻吧！

除此之外，就算是另外一個空間的物品，只要遵照一定的規則拍照，再把照片仔細排列整齊，就會產生類似的感覺。這和德國攝影師貝歇爾夫婦所創造的「類型學」攝影手法非常相似。只要自己心裡懷著幾個主題，光是探索街角就能夠看見和平常不同的風景。

從斜面 45 度角拍攝各個街頭的電波塔,這種收藏通稱為「塔藏」。

因為重複相同的元素,大腦彷彿被麻痺的感受,很接近聆聽宗教音樂和電子舞曲的感覺。

重新審視日常吧!

「理所當然」的周遭事物,其存在與價值,要等到該物品消失才會感覺得到,尤其是「在商店買不到的東西」更容易被忽略。

在這些東西消失之前,把它們當作自己的所有物,重新審視一次,加深這些物品和自己的連結吧!當然,我們不可能將這些東西帶回家,不過藉由智慧型手機和數位相機記錄,再以社群媒體作為共同擁有的手段也不錯,在不需要花費任何成本就能共享照片的時代,這是非常合適的接觸方法。分享時,若能加上自己的觀點,或許就可以發現這些物品的新價值。

越多人觀察街角商品,就越能發現觀察的方法,而且越能共享其價值。如此一來,街角商品就能因為被觀賞,進而自行進化吧!我深信只要這麼做,整個街道就會變得更加有趣。

打 造 街 角 的 素 材

　　塑膠、鐵、混凝土，打造街角物件時，即便是同樣材質也在截然不同的地點使用，十分有趣。本文整理這些材質各自擁有哪些特徵、在什麼場所工作。

▸ 塑膠

常見於路上暫設的物品，重量輕而且容易加工、搬運方便。可以依照需求加重，就像旗幟底座一樣，也有設置可以加水以達到加重效果的款式。現在的郵筒為 FRP（纖維強化塑膠）材質，因為很堅固，所以可提供長期使用。

▸ 鑄鐵

將熔化的鐵漿倒入模型中固定，是鐵的鑄造物。雖然給人有點古老的印象，但現在仍在第一線工作。街道上最常見的鑄鐵物，應該就是人孔蓋了吧！堅固不易生鏽的墨鐵鑄材質很常用。郵筒在使用鑄鐵製以前，是採用木材製作，真是偉大的進化啊！

▸ 鋼材

材質可硬可軟，既堅固又厚重，但容易加工。可以當作支撐工具，也能長久使用，所以街頭經常看得到。像送水口以前都是黃銅製，現在也經常可以看到閃亮亮的不鏽鋼材質。從不易生鏽且壽命長等優點來看，實在非常合適呢！

混凝土

砂礫和砂石當中混合砂漿和水固定而成，感覺就像可以加工成各種樣態的石頭一樣，也有擬態成石材的樣式，質感非常厚重。電線桿上不只有電線，還寄生路燈和標誌等物品。

石材

自古以來就一直使用至今，質感十分「厚重」。現在和混凝土相比，則具有天然的高級感氛圍。石牆所使用的大谷石，和其他石材相比較輕而且易於加工，所以已經廣為普及。易於加工這一點很重要。花崗岩堅硬牢固，經常使用在界標或當作踏腳石。

木材

易於加工，材質有輕有重，總之非常方便。雖然能帶來溫暖的感覺，但易燃也是一大缺點。現在比起實質功能，更多情況是負責營造氣氛。街上可見的木造住宅有兩種，一種是真的延續昭和時代（1926 年～ 1989 年）的建築，另一種則是現在刻意選擇的木造建築。前者很放鬆，但後者對材質則非常講究。另外，路樹雖然不是一種材質，而是本身就已經是木頭，但它們仍然是構成街道的零件之一，畢竟它們也有規格。

材質總結

打造街道的材料，依據各自的特徵被選用至今。有時也會出現其實用石材比較好，但因為附近沒有，所以只好用木材代替的情形。新材質為了克服既有材質的缺點，漸漸進化。混凝土像魔法石一樣，只要有模具就能製作出喜歡的形狀，消波塊正是這種做法的產物。

雖然都稱為塑膠，但當中也有聚乙烯、聚氯乙烯等種類。每種都有堅硬、柔軟等不同的特徵，其他所有物品也都一樣。就像人生各有不同，石材、鋼材也各異其趣。

材質之所以會這麼多樣化，其實是因為要求眾多。街道上可見的物品，每一樣都是人們想要某種東西的願望，化為實體的展現。從各式各樣的要求中，催生出各式各樣的材質。

走入田野吧！

閱讀這本書之後，應該就會心癢難耐，想實際走到街上去觀察各種物品才對。這時候要怎麼觀察才好？我想向大家介紹我自己的作法。

先四處打量一下，然後找出自己有興趣的部分吧！先走到街上再說，只是在附近也沒關係。

可以很明確看出質感。也會感覺到形狀像蜂巢一樣、尺寸意外的大呢！接著請摸摸看，敲敲支柱還會發出清脆的金屬聲響，標誌本身則像是會發出嘎嗞聲響的感覺。

可以的話隨身帶著捲尺也不錯。

至今從未注意過的物品，會開始「進入眼簾」。

在很多地方隨意看看，高處低處、近處遠處，應該會有很多令人在意的物品出現。如果發現什麼有興趣的物品，就仔細觀察看看吧！譬如照片中的這個標誌。

表面為蜂巢狀。

大約 40cm，還滿大的呢！測量之後就能實際感到尺寸。實際測量時，我更靠近實物呢！

接著，請繞到背後看看。

靠近仔細觀察看看。

繞到背後可以得知更多訊息。

像這樣貼著標籤的最好。可以了解是誰、什麼時候、什麼地點製作的資訊。有的時候還會寫上「聚甲基丙烯酸甲酯」等材料名稱。大多都是不熟悉的名稱，所以這時候只能老老實實地調查了。然後，你可以敲敲支柱，聽到鏗鏘的聲響，就能推測大概是鋼材。也可能是鋼材當中一般構造用的碳鋼（carbon steel）鋼管吧！或許你以後就變得能夠恣意想像這些事情了。

隨身攜帶的當中，最好有相機。發現有趣的東西就能盡情拍照。可以的話，最好使用變焦鏡頭的相機，有GPS定位功能就更棒了。

譬如位於高處的路燈。拉近一看，就會發現廠商為「岩崎電器」，型號

靠近仔細觀察看看。

為「H748」耶！這些資訊當下就能知道。知道型號之後，到廠商的網頁上搜尋型錄，就能獲得更詳細的資訊。順帶一提，這項產品的定價為5萬4600日圓。啊！原來這價值5萬日圓啊！馬上就讓你湧現真實感。

GPS定位功能是方便整理用。不確定照片是在哪裡拍下的時候，如果照片本身就有位置資訊，會比較好找。缺少了這項功能，不知道會浪費多少時間在找照片呢！

如果可以的話，不要只拍近照，遠景也要拍下來，這是顯示該物品處於什麼情況的重要紀錄。

譬如這個郵筒（下方照片）。是郵筒1號圓形的古老型號，遠景拍起來是這種感覺。整體景色很不錯吧！相反地，如果想找郵筒1號時，只要到拍攝該照片的地點即可，這將會是很寶貴的線索呢！

試著只看相同的物品

像這樣觀察各種物品之後，一定會出現特別吸引你的東西。如果是這樣的話，就一直觀察相同的物品吧！我想，之後就會慢慢變成不只是「看」，而是「收集」的心情。

收集相同的東西，在各種層面上的意義來看是很重要的。剛開始收集的時候，我可以斷言，你其實對這項物品並沒有太強烈的興趣。只是停留在有點在意的程度而已。然而，在收集的過程中就會發現「咦？這個和剛才的不一樣耶！」然後就會出現「為什麼會不一樣呢？」的疑問，或許還會思考「有點微妙的差異，但這是不是也算是同類呢？」

越看就自然地越會湧現興趣，漫畫家 Jun Miura 把這個過程稱為「自我欺騙」。他提出的「可愛吉祥物」，似乎也是因為他到處走到處看，漸漸對這些東西產生興趣而創造的詞彙。

我在寫這本書之前，也不知道原來三角錐有這麼多種類。

大家都覺得三角錐就是這個！不過看多了就會發現「這個的底座有兩層喔！」或者「這個白色反光貼紙的部分還真大塊！」之類的現象。

靠近底座看，就會發現寫著「uni-cone」之類的名稱，所以照著各名稱搜索就能知道是由「Zuiho 產業」這家廠商製作，還可以知道反光的部分稱為「反光片」等資訊。

當你了解有很多種類之後，就會湧現想收藏的欲望。甚至會有「廠商的型錄當中出現的珍奇防撞桿，我從來都沒看過，到底會在哪裡呢？」這種心情。不僅如此，我們還有許多想觀察的東西。這和收集相同的東西有點類似，但方法不同，有一種「先決

定好主題再收集」的方法。不是限定「三角錐」這種品項，而是決定收集「平台」、「柱狀」等功能或屬性一致的物品。

如此一來，就能稍微改變、擴張至今對街道風景的看法。像是「以前都沒覺得這是柱子，但的確是柱子沒錯呢！」之類的景色轉換。我想採用這個方法的泰斗，就是提供本書文稿的大山顯先生和內海慶一先生吧！

大山先生的「氣氛五線譜」當中就是「先決定好主題再收集」的實例。大山先生一枝獨秀的地方在於決定主題的方法，不過要介紹訂定主題的方式，恐怕又需要寫個好幾頁了。

說到這裡我就想起內海慶一先生撰寫關於「平台」的文章（註）。請參加者，以「平台」為主題拍攝照片，剛開始大家都拍了乘載冷氣室外機的平台或者放置盆栽的層架，都是實際上放置了某些東西的平台。

之後，慢慢變成配電箱之類，並非刻意打造的平台。就算上面也沒有放置任何物品，卻仍然被當作「平台」拍攝。原來，變電箱是這樣東西啊！

據說內海先生和攝影者之間，曾經有這一段對話：

內海：「什麼東西都沒放，這樣也算平台嗎？」

攝影者：「對啊！因為也可以當作平台，所以就算是平台囉！」

是不是很厲害啊！「可當作平台，

所以就算是平台了。」我還記得我讀到這一句話的時候非常震驚。我從來沒有把變電箱當作平台。這就表示我對街道的看法已經產生改變了！

「原來也有這種種類啊！」、「原來這個和這個是不一樣的啊！」、「原來這也是一樣的啊！」這些發現一個個都會讓人對街道的看法產生改變。如果發現專屬於我自己的新式觀賞方法，那就太好了。

那麼，就請大家出門做田野調查吧！如果可以的話，請帶著這本圖鑑上路。

（註）
內海慶一先生的部落格〈小確幸通信〉當中的〈【街道散步攝影遊戲】鑑賞報告〉
http://pictist.exblog.jp/17218049/

本書的撰稿人

三土辰郎

程式設計師、文字工作者

@mitsuchi http://mitsuchi.net

1976 年生，茨城縣人。喜歡在街頭散步。期許自己能像被踐踏也不會氣餒的防撞桿一樣。在《享受凹凸地形 東京「研磨缽」地形散步》（洋泉社）等出版品中也有投稿。Daily Portal Z：@nifty 上有連載。

石川初

慶應義塾大學
研究所教授

@ hajimebs hajimelab.net/wp

京都人。東京農業大學農學院造園系畢業。曾任職於鹿島建設建築設計本部、株式會社景觀設計部，2015 年開始轉任目前的工作。取得景觀建設（RLA）資格。東京研磨缽地形學會副會長。

伊藤健史

上班族、
有時是文字工作者

@Asimov0803 kenjiito0666.wix.com/basecollection

喜愛有毒動物＆漫步街頭。在 nifty 的每日報告網「Daily Portal Z」中撰寫新聞。收集在日本各地的范倫鐵諾精品，雖然身為默默無名的范倫鐵諾收藏家，還是堅持繼續收藏。

內海慶一

從事文字工作

@pictist www.picotosan.com/

1972 年生。鑑賞裝飾遮雨棚、小綠人、嚇貓用的寶特瓶等身邊的物品、風景，發表照片與文章。著有《小綠人之書》、《百元商店的自由》（皆由 BNN 新社出版）等書。

大山顯

攝影師／
文字工作者

@shosai www.ohyamaken.com/

1972 年生，千葉縣人。主要著作有《工廠好萌》、《住宅地之研究》（皆由東京書籍出版）《交叉點》（媒體工廠出版）《從購物中心思考》（與東浩紀共著・幻冬社出版）。

柏崎哲生　　　　　　水井人

ido-jin.net/

1976 年秋天生。發現東京殘留眾多水井式幫浦，因此開始找尋到底還有多少。找尋的過程中，感覺到水井式幫浦與周遭風景裡蘊含的情緒，所以越陷越深。就像大冒險一樣走在陌生的街頭，也是一種享受。

木村繪里子　　　　直立式消防栓

@ki_mu_chi d.hatena.ne.jp/ki_mu_chi/

1985 年 4 月生，神奈川縣相模原市人。離以前公司最近的車站前，靜靜佇立著送水口，每天都不經意地和它交會……等到回過神來的時候，就已經喜歡上它了。

小金井美和子　　　「隱藏式開關」管理人

@yukkomogu stealthswitch.blog.fc2.com

現居於橫濱。2014 年因為受到送水口和人孔蓋的吸引，完全迷上街頭漫步這個興趣。比起天然的東西，更愛人造物品，尤其對金屬製的東西沒有抵抗力。最喜歡電線和配管之類亂纏亂繞的東西。

佐佐木あやこ　　　「送水口俱樂部」管理人

@sousuiko http://sousuiko.blogspot.jp

每天流浪追尋珍奇的送水口。最喜歡的送水口是位於新潟市舊大和百貨公司的露出式 Y 型（村上製作所製）。開辦演講活動（送水口之夜）與送水口漫步活動，計畫擴大送水口迷的人數。

八馬智　　　千葉工業大學創造工學系設計科學科副教授

@hachim088 hachim.hateblo.jp/

1969 年生，千葉縣人。從事景觀設計相關研究、地區營造相關研究、產業觀光（公共設施旅行）相關研究，2012 年開始轉任目前的工作。著有《到歐洲去看土木建設》（2015 年自由國民社出版）。

村田彩子　　　　　街頭園藝鑑賞家

@botaworks http://www.facebook.com/rojoengei

福岡縣人。對於在街角祕密經營的街頭園藝非常著迷，以「街頭園藝學會」的名義在社群網站上發表其魅力。對植物的興趣無窮無盡，甚至取得園藝裝飾技能師的執照。看到沒人照顧、化為怪獸的植物就會很興奮。

生活樹 生活樹系列 058

日本街角圖鑑
街角図鑑

作　　　者	三土辰郎	
譯　　　者	涂紋凰	
總 編 輯	何玉美	
選 書 人	紀欣怡	
主　　　編	紀欣怡	
封 面 設 計	江孟達	
內 文 排 版	許貴華	
日本製作團隊	裝訂・本文設計：酒井布實子、櫻井棚子	
	（BANANA GROVE STUDIO co., ltd.）	
	DTP：宮澤俊介（BANANA GROVE STUDIO co., ltd.）	
	編輯：磯部祥行（實業之日本社）	

出 版 發 行	采實文化事業股份有限公司
行 銷 企 劃	陳佩宜・黃于庭・馮羿勳
業 務 發 行	林詩富・張世明・吳淑華・林坤蓉・林踏欣
會 計 行 政	王雅蕙・李韶婉
法 律 顧 問	第一國際法律事務所　余淑杏律師
電 子 信 箱	acme@acmebook.com.tw
采 實 官 網	http://www.acmebook.com.tw
采實粉絲團	http://www.facebook.com/acmebook

Ｉ Ｓ Ｂ Ｎ	978-957-8950-30-6
定　　　價	320 元
初 版 一 刷	2018 年 5 月
劃 撥 帳 號	50148859
劃 撥 戶 名	采實文化事業股份有限公司
	104 台北市中山區建國北路二段 92 號 9 樓
	電話：(02)2518-5198
	傳真：(02)2518-2098

國家圖書館出版品預行編目資料

日本街角圖鑑 / 三土辰郎作；涂紋凰譯. --
初版. -- 臺北市：采實文化，2018.05
　　面；　　公分. -- (生活樹系列；58)
譯自：街角図鑑
ISBN 978-957-8950-30-6(平裝)

1. 道路工程 2. 工業設計 3. 日本

442.1　　　　　　　　　　　107005025

《街角図鑑》
MACHIKADO ZUKAN by Tatsuo Mitsuchi
Copyright © Jitsugyo no Nihon Sha, Ltd. 2016
All rights reserved.
Original Japanese edition published by Jitsugyo no Nihon Sha, Ltd.
This Traditional Chinese language edition published by arrangement
with Jitsugyo no Nihon Sha, Ltd.,
Tokyo in care of Tuttle-Mori Agency, Inc., Tokyo through Keio Cultural
Enterprise Co., Ltd., New Taipei City, Taiwan.